JN176555

アイビーコン
iBeacon
アプリ開発ガイド

はじめに

「ビーコン」は、「交通システム」など「社会インフラ」で以前から利用されてきました。

「新交通管理システム」(UTMS) の赤外線を使った「光ビーコン」、そして「特定無線帯域」を解放した「無線ビーコンETC」などです。

しかし、スマートフォンの普及によって状況は一変しました。

2013年6月に、Apple社が「WWDC」(世界開発者会議)において、「iBeacon」という新サービスを発表したのです。「iOS7.0」で、「Bluetooth」の発展系となる「Bluetooth Low Energy」(BLE)という「省電力無線通信技術」に対応したサービスです。

「Apple WWDC」の発表から2年経過した2015年、「iBeacon」が「o2oサービス」のデファクトスタンダードになる勢いで拡大しています。

“Mobile First”をスローガンとしたIT業界において、「小売り店舗」「観光地」「博物館」「美術館」「野球場」など、「o2o(Online to Offline)サービス」に「スマートフォン」と通信できる「iBeacon端末」が採用されているのです。

*

本書は、誰でも簡単に、iBeacon対応のスマートフォン向け「ネイティブ・アプリケーション」が制作でき、そのメリットを実感できる指南書として執筆しました。

吉田 秀利

[謝　辞] 本書執筆にあたりご協力を頂いた方々にこの場を借りてお礼を述べます。**第3章**の「iBeaconアプリ」を「Apple App Store」および「Google Playストア」へ登録する部分の執筆にご協力いただいた、「iOSソフトウェア技術者」の杉浦聡様、「サイネージ」と「iBeacon」との連携APIを開発協力いただいた、「スーパーワン」社長の長谷川和寛様に感謝いたします。

iBeaconアプリ開発ガイド

CONTENTS

第1章

「iBeacon」とは

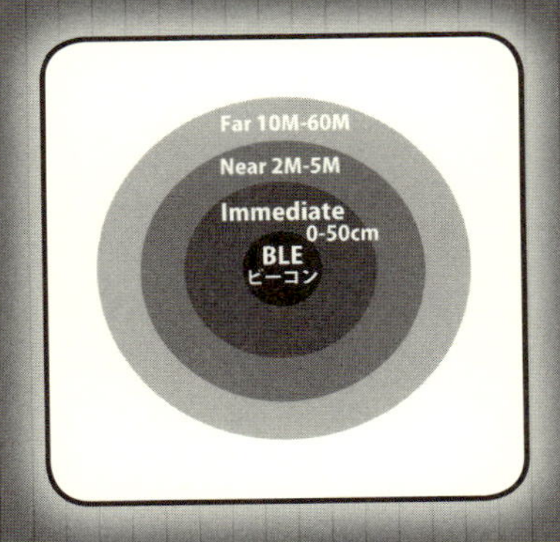

iBeaconの「仕組み」や「特長」「メリット」、そしてビーコン端末の種類を整理しながら、iBeaconの用途を紹介します。

1-1 「iBeacon」の仕組み

Apple社のホームページには、「iBeacon」について、下記のように定義されています。

> 「iBeacon」は、「iOS」の「位置情報サービス」を拡張する、新しいテクノロジーです。
> 「iOSデバイス」は、「iBeaconの設置場所」に、近づいたり離れたりした時点で、「App」に通知することができます。
> 「位置のモニタリング」のほか、「App」は「iBeacon(たとえば、「Apple Store直営店」の「ディスプレイ」や「レジカウンター」)との距離」を測定することもできます。
>
> 「iBeacon」では、「位置情報」を、「緯度と経度」ではなく、「BLE(Bluetooth Low Energy)信号」を利用して割り出します。この「信号」を「iOSデバイス」が検出します。
> 「Bluetoothテクノロジー」の詳細については、「Bluetooth」の「公式Webサイト」を参照してください。
> 「iBeacon」を使うには、①「iOS 7以降がインストールされている」こと、②「Bluetoothがオンになっている」こと、および、③「互換性のあるiOSデバイス」が必要です。
>
> ・「iPhone 4s」以降
> ・「iPad」(第3世代)以降
> ・「iPad mini」以降
> ・「iPod touch」(第5世代)以降
>
> どの「App」および「システム・サービス」が「位置情報サービス」のデータ(「iBeacon」を含む)にアクセスできるかは、管理できます。
> 「設定」>「プライバシー」>「位置情報サービス」の順にタップしてください。

「Android」の「スマートフォン」や「タブレット」で「iBeacon」に対応する「OS」の「バージョン」は「**4.3以降**」となります。

＊

ここで注意すべきは、「iBeacon」は専用の「BLE端末」を店内に置き、顧客の「スマートフォン」に「iBeacon対応アプリ」を導入することで「BLE」の発信する電波を「スマートフォン」が近接すると認識し、何らかのアクションを起こす仕組みになっています。

しかし、「Bluetooth」には「ペアリング」など「双方向通信」の機能もサポートしています。
「iBeacon」では、「BLEビーコン端末」はあくまでも「単一方向通信機能」の「発信」（アドバタイズという）のみを利用する形式となります。

Apple社が公開している「iOS」に関する「BLE機能」は、「Core Bluetooth」という「フレームワーク」として公開されています。

> 「Core Bluetoothフレームワーク」には、（A）「iOS/Macアプリケーション」が、（B）「Bluetooth Light Energy」（BLE）という、「省電力無線通信技術」を実装した「デバイス」と、通信するために必要な「クラス群」があります。
> 「アプリケーション」は、「心拍モニタ」「デジタルサーモスタット」などの「周辺機器」（ペリフェラル）を、「検出」「調査」し、情報をやり取りできることになります。
> 「OS X v10.9」および「iOS 6以降」、「Mac/iOSデバイス」自身も、「BLEペリフェラル」として機能し、他のデバイス（「Mac」「iOS」デバイスを含む）にデータを提供できるようになりました。

https://developer.apple.com/jp/documentation/CoreBluetoothPG.pdf

これに対してGoogle社が公開している「Android OS」での「BLE機能は」下記に公開されています。

http://developer.android.com/guide/topics/connectivity/bluetooth-le.html

「iBeacon」で認識可能な情報は、「iBeaconが発信する「UUID」「Major」「Minor」の「値」を取得して、その「距離」を測る」ことです。

「範囲外」であれば、「スマートフォン」で「スマートフォン」は受信できませんし、「範囲内」にいたとしても、「距離」(電波強度)を測るだけとなります。

逆に、この性質を利用し「特定のUUIDに反応するスマホアプリを制作し、距離に応じてさまざまな機能が利用できる」仕組みを用意することが可能となります。

「iBeacon」のすべての鍵を握っているのは、「スマホ・アプリ」です。

「スマホ・アプリ」は特定の「UUID」を認識して反応するように作られています。そして、範囲内にその「UUID」をもった「iBeacon」の信号を感知すると、必要に応じて「アプリに最新の商品情報を表示」したり、「ロック画面にポップアップしたり」できます。

後章で説明しますが、「iBeaconアプリ開発ツール」の「Beacondo」は、「クラウド・システム」との連携は必要ありません。

「UUID関連」の情報をアプリ内に組み込み、「BLEビーコン端末」と3つの範囲で反応できます。

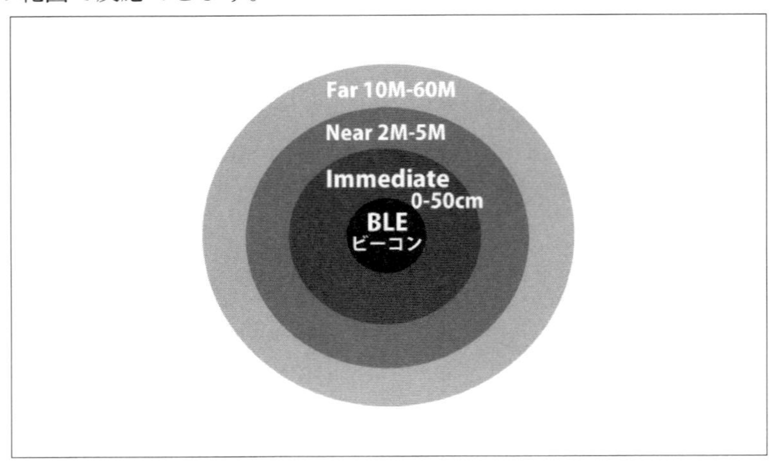

「ビーコンの適用範囲」は、「Immediate」「Near」「Far」の3種類ある

「iBeacon」は、3つの機能で「ビーコン端末」と「スマホ」が連動されます。

①アドバタイズ：「ビーコン端末」が電波を発信して見つけてもらう。
②レンジ：「ビーコン端末」と「スマホ」の距離情報を取得できる。
③リージョン：スマホのエリアへの出入りを、チェックできる。

1-2　「iBeacon」の特長とメリット

そこで、すでにモバイル業界で、「決済」などで利用されている「NFC」(Near Field Communication) と「iBeacon」を比較してみます。

比較項目	iBeacon	NFC
オープン性	・Bluetooth(BLE)	・端末メーカによる
端末依存度	・iOS7以降 ・Android4.3以降	・NFCチップ搭載のみ
認識距離	・接触、2～5M、10M 三段階対応	・接触のみ
操作性	・無意識	・意識して接触
適用シーン	・o2o、販促、決済	・決済のみ
導入コスト	・安い、BLE端末は500円～3000円/個	・高い、NFC認識端末は決済で利用され30万円前後/個

「Apple Pay」や「Andorid Pay」など、「モバイル・コマース」で「NFC」は、近い将来、日本でも普及する可能性があります。

しかし、それはあくまでも、「モバイル決済」です。

「o2o」(Online-to-Offline) をベースとした、「小売業」「旅行業」「サービス業」などで利用されるのは、「機能面」「コスト面」から判断して、「iBeacon」が圧倒的に優位であると言わざるをえません。

1-3 「iBeacon」の用途

具体的にどういうシーンでiBeaconを利用し、スマホアプリと連動できるかを考えてみましょう。

■ 小売業界

ブティックなどで「iBeacon」を設置して、クーポン発行

■ 観光業界

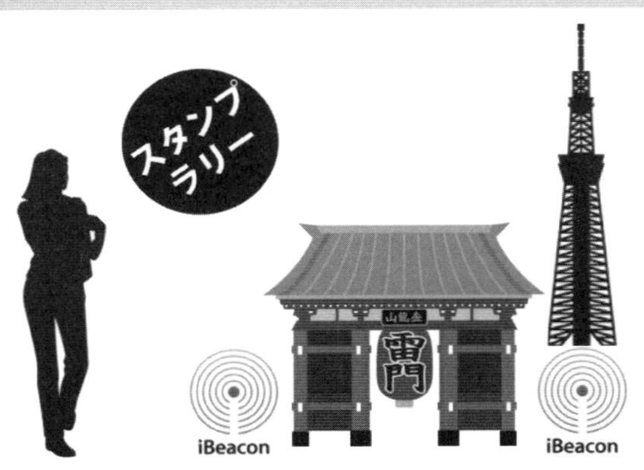

観光地に「iBeacon」を設置してスタンプラリー発行

昨今、国内で小売・観光業界以外でも、

- **交通業界**：駅内ナビゲーションに現在地と位置情報案内を提供
- **公共官公庁**：図書館や博物館で音声ガイドを提供
- **出版業界**：お店に近寄るとオリジナル壁紙を提供
- **ゲーム業界**：コンビニで攻略本を購入すると、レアキャラを提供
- **スポート業界**：野球場で近所にいるビールの売り子を、スマホで呼ぶ
- **映画業界**：映画館に入ると、最新の紹介動画をスマホに提供
- **航空業界**：空港スタッフのウェラブルデバイスで位置情報を把握
- **医療介護業界**：認知症患者に「iBeacon」を携帯させて近隣の人が確認

など、国内のさまざまな業界で、「iBeacon」を利用した「O2O(Online-to-Offline) サービス」の例が見られるようになりました。

1-4　「iBeacon」端末の種類

「BLEビーコン端末」には、以下のような種類があります。

①「電池内蔵式」の据え置きタイプ
②「花瓶」や「靴」に貼付できる、小型チップタイプ
③「USBポート」に挿して利用するタイプ
④「iPhone」を「BLEビーコン端末」にするタイプ

さらに2015年4月に富士通が発表した、

⑤「ソーラー充電機」能付きの極薄フィルムタイプ

があります。

①「電池内蔵式」の「据え置きタイプ」

以上のうち、現在最も利用されているタイプです。

「ボタン型電池」が組み込まれ、通常は、設置から数カ月～1年程度はそのまま放置しても利用できます。

● Estimote社の「BLEビーコン端末」

この代表的なメーカーが、Estimote社です。

非常に洗練されたデザインの、特長ある外観です。

壁にそのままビーコン端末を貼り付けることができます。「GETCO」という新素材接着材を開発し、耐水性もあります。

「Estimoteビーコン」は下記で購入できます。

http://estimote.com/#jump-to-products

上記①「据え置きタイプ」が3個入りパッケージで、US$99でネット経由で販売されています。

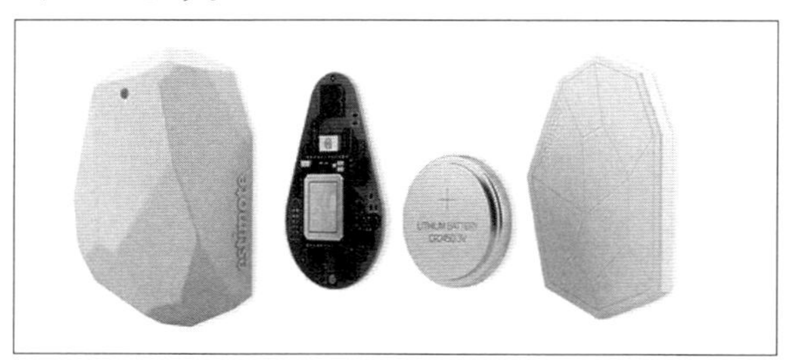

Estimote社の「BLEビーコン端末」

● 技適マーク

Estimote社のビーコン端末は、日本市場でも無線電波法をクリアし、「技適マーク」と「申請受領番号」がビーコン端末の底面に刻印されています。

Estimote社のビーコン端末は日本の無線電波法をクリアしている

技適マーク
「技適マーク」とは、総務省が電波法令で定めている技術基準に適合している
無線機であることを証明するマーク。個々の無線機に付けられています。

※無線機の免許申請をする際に、「技適マーク」が付いていれば、手続きが大幅に簡略化されます。
また、「特定小電力のトランシーバー」「家庭で使う無線LAN」「コードレス電話」などは、「技適マーク」が付いていれば、無線局の免許を受けないで使用できます。

②花瓶や靴に貼付できる「小型チップタイプ」

軽量コンパクトなチップ型ビーコン端末を、Estimote社では2015年夏に量産予定とのことです。

靴や花瓶に貼り付けたり、持ち歩ける、軽量コンパクトな「チップ型」のビーコン端末です。

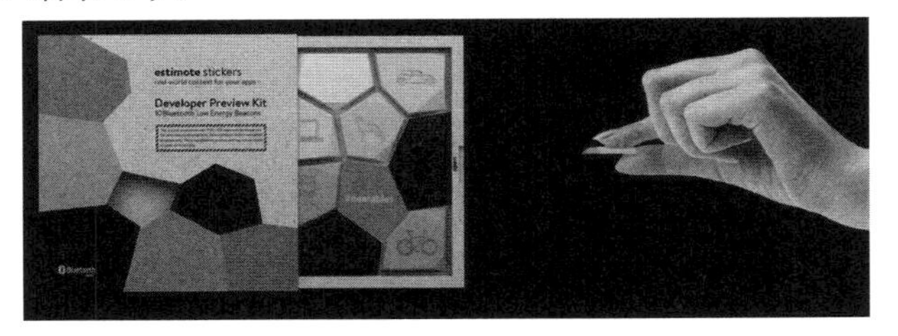

「新型ビーコン端末」の価格は、10個で1パッケージUS$99

③「USBポート」に挿して利用するタイプ

「USBポート」から「ビーコン端末」に電源が供給され、「パソコン」に接続して利用するタイプです。

このタイプは、アプリ開発者が「Macbook」など開発環境の「パソコン」で利用する場合にとても便利です。

ただし、日本では「技適申請マーク」を取得していない場合が多いので、商用利用では注意が必要です。

「USBポート」に挿して利用する「ビーコン端末」

④「iPhone」を「BLEビーコン端末」にするタイプ

「iPhone」や「iPad」など、「iOSデバイス」そのものを「BLEビーコン端末」としてシュミレーションして利用できます。

下記の「App Store」からアプリをダウンロードして、自分の「iOSデバイス」の「UUID」を認識させれば、そのまま「BLEビーコン端末」として利用できます。

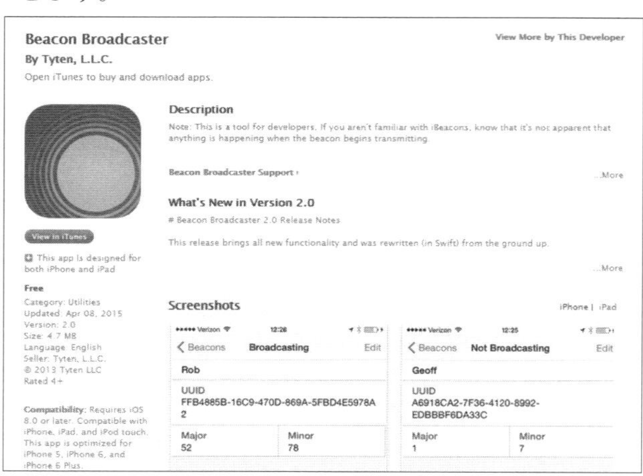

https://itunes.apple.com/us/app/beacon-broadcaster/id741239984

上記URLからダウンロードし、自分のiPhoneにインストールして試してみてください。

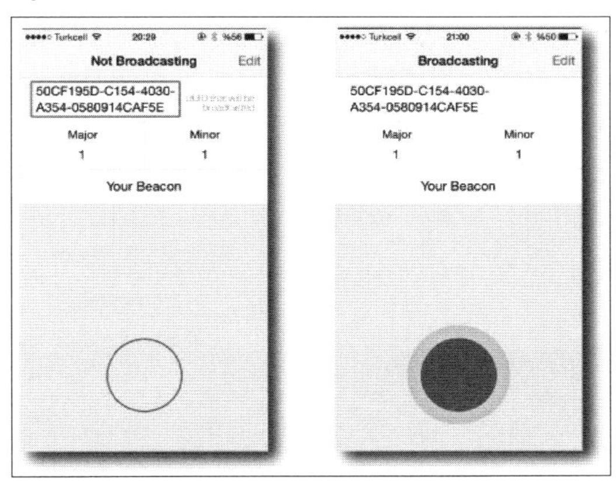

iPhoneにインストールして実行

「iPhone」の「iOSデバイスUUID」を認識し、そのまま「BLEビーコン端末」として利用できます。

⑤「ソーラー充電機能付き」の「極薄フィルムタイプ」

「ソーラー充電機能付き」の「極薄フィルムビーコン」は、2015年3月に富士通から発表されました。2016年に実用化を目指すようです。

今後は「IoT(Internet of Things) ビーコン」として、新しい市場と用途で利用される可能性があります。

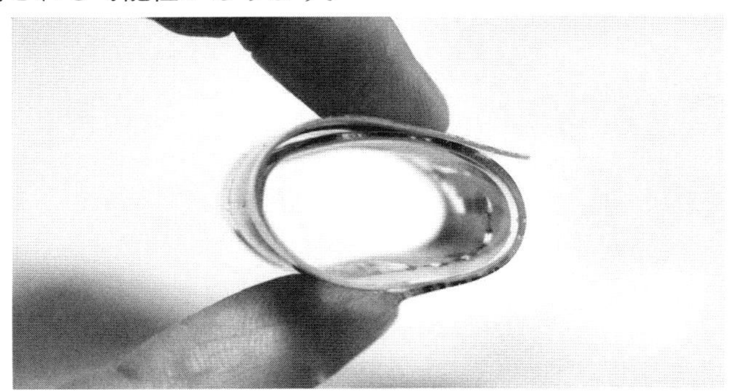

富士通の極薄フィルムビーコン

新たに開発したビーコンを用いることで、「スマートフォン」や「タブレット」などと連携して、「地下」や「屋内」で、「人の居場所のエリア把握」や「機器のリアルタイムな場所検知」を実現。
この際に、半年から一年の単位で必要だった電池交換作業の手間を削減できます。
また、柔軟性、薄膜性があるため、「天井と蛍光灯の隙間」や「電球の表面」など、従来、設置が困難だった場所への取り付けも可能です。
(富士通ホームページより抜粋)

1-5 他のセンシング技術との比較

「iBeacon市場」は、もともと「Apple」が主導権をもっていました。
しかし、2014年10月に元AppleのUI技術者のScott Jenson氏が「Google」に転職。
IoT時代を見据えて“Physical Web”および“UriBeacon”というコンセプトをオープンソース化して新たな市場を創造する活動をしています。

比較項目	iBeacon	Physical Web
アプリ	・必要	・必要なし
ブロードキャスト	・UUID/major/minor	・URL
位置検出	・接触、2～5M、10～60Mの三段階対応	・不可
通信方法	・Bluetooth(BLE)	・WiFi (uPnP, SDP)
導入コスト	・安い	・安い

「Google Physical Web」のソースコード

https://github.com/google/physical-web

「Google UriBeacon」のソースコード

https://github.com/google/uribeacon

さらにGoogleは、2015年7月14日、「Eddystone」という新ビーコン規格を発表しています。UUIDに加えてURLとセンサーネットワークの3つのプロトコルを1個BLEビーコン端末で対応させるという斬新なアイデアです。

https://github.com/google/eddystone

1-6　「Bluetooth 4.0」から「4.2」へ

「スマートフォン」の2大OSメーカーとしてAppleとGoogleが切磋琢磨することは喜ばしいことです。

しかし、時代はさらに進み、すべてのものがインターネットにつながる「IoT(Internet of Things）革命」がすべての産業に与えるインパクトはとても大きなことになります。

「Bluetooth」はその中核のハード技術の1つとして位置づけられるはずです。

＊

世界各国語対応で「Bluetooth SIG」(Special Interest Group）としてウェブサイトが公開されています。

2015年初頭には、「Bluetooth」のバージョンも「4.0」から「4.2」にアップグレードされ、「個別端末」に「IPアドレス」を実装できることになりました。

「Bluetooth SIG」のアイコン

Bluetooth SIG日本語サイト

https://www.bluetooth.org/ja-jp

「Bluetooth SIG」では「iBeacon」に留まらず、世界中の開発会社やメーカーから「Bluetooth」を使った新しいアイデアや商品がコンテストで競われ、優秀な商品やアプリは懸賞金が与えられます。

■ 2015年の決勝進出社(者)

● ブレイクスルー製品部門

・BusAccess…スマートな公共交通機関アプリケーションと製品（GeoMobile GmbH)

・Microsoft Band…フィットネス追跡装置（Microsoft Corporation）
・Nova…スマートフォンフラッシュアクセサリーアプリケーション（SneakySquid LLC）
・SMART kapp…Bluetooth対応ホワイトボード（SMART Technologies）
・SwingTracker…ソフトボール/野球のバット用運動モニター（Diamond Kinetics）
・Zuli Smartplug…スマートプラグ/コンセントアダプター（Zuli）

●ブレイクスルーアプリケーション部門

・Cub Connect…芝刈り用トラクターとアプリケーション（Cub Cadet）
・Oral-B Application…電動歯ブラシとアプリケーション（Procter & Gamble）
・ReSound Smart…補聴器とアプリケーション（GN ReSound）
・Riccardo Application…店内ビーコンシステムと小売店アプリケーション（AMP Media Group）

●ブレイクスルー試作品部門

・COBI…無線ハブとハンズフリー自転車システム（iCradle GmbH）
・FITGuard…Bluetooth対応マウスガード（Force Impact Technologies）
・FreeWavz…フィットネス追跡機能付き無線ヘッドフォン（hEar Gear, Inc）
・Noke…Bluetooth対応南京錠（FŪZ Designs）
・oort…ホームオートメーションシステムとハブ（Oort Technologies）
・SmartMat…センサー搭載ヨガマット（SmartMat）

「Google」の「Physical Web」や「UriBeacon」は、未知数な部分もありますが、「iBeacon」と「Bluetooth」連合と上手く棲み分けて、適材適所で発展すると思われます。

「Physical Web」のエバンジェリストであるScott Jensonに聞いたところ、「Physical Web」のコンセプトは、デンソーが開発した「QRコード」にネット機能を付加したものだと説明をしていました。

第2章

「iBeacon アプリ」をつくる

プログラム言語をまったく知らない人でも、簡易ツール「Beacondo」を使えば、「iBeacon」対応の「スマホ・アプリ」を作ることができます。

2-1 「Beacondo」の概要と特長

「Beacondo」（ビーコンドー）は、「ウェブデザイナー」「クリエイター」「ウェブ企画担当」や「営業担当者」が、スマホアプリを手軽に制作できるiBeacons対応のネイティブアプリ制作ツールです。「Objective-C」や「Java」などコンピュータ言語の知識がなくても、専用デザインツールでコンテンツを選択しながら制作できます。

スマートフォン業界の2大OSである「Apple iOS」と「Google Android OS」に対応しています。

開発者は、イギリスロンドン住所のiOSアプリ開発者、IIdiko Hudson氏。

■「Beacondo」はこんな人にお薦め

・「ウェブサイト」や「ECサイト」の、「企画担当者」や「デザイナー」
・「ウェブ制作」の経験はあるが、「アプリ開発」の経験はない人
・「スマホアプリの開発」を「外注」している人
・「スマホアプリを制作」し、「商品やサービスを販促」したい人
・「O2Oサービス」をとにかく始めてみたい人
・顧客と今より親密な関係をもちたい人
・「iBeacon」を使って商売を始めたい人

■「Beacondo」の概要

・「プログラム」を書かずに「ネイティブ・アプリ」を開発
・「iBeacond技術」を統合
・「バーコード」「QRコード」に対応
・一般的な「iOSアプリのUI」を実現
・「Facebook」「Twitter」「eメール」の投稿機能
・「地図言語KML」の取り込み

■「Beacondo」の仕組み

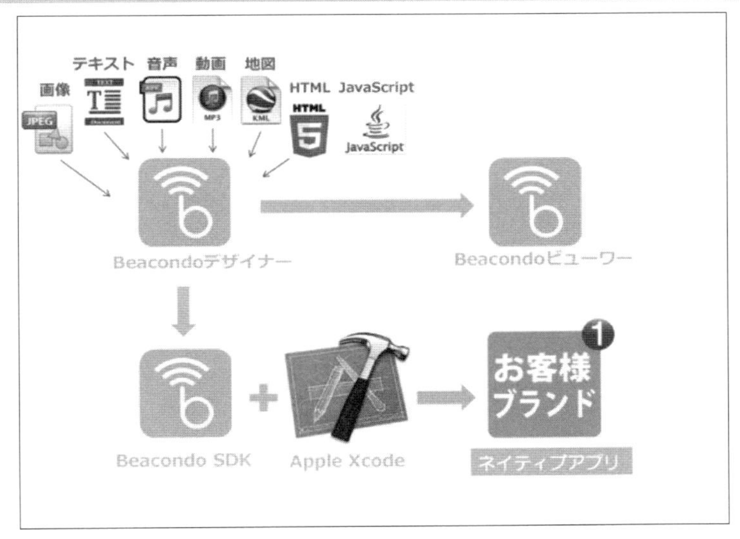

「Beacondo」の仕組み

■「Beacondo」の特長

「Beacondo」では、「BLEビーコン端末」に反応する動作が、「Beacondoデザイナー」上で簡単に選択できます。

アクション設定は10種類以上、選択できます。

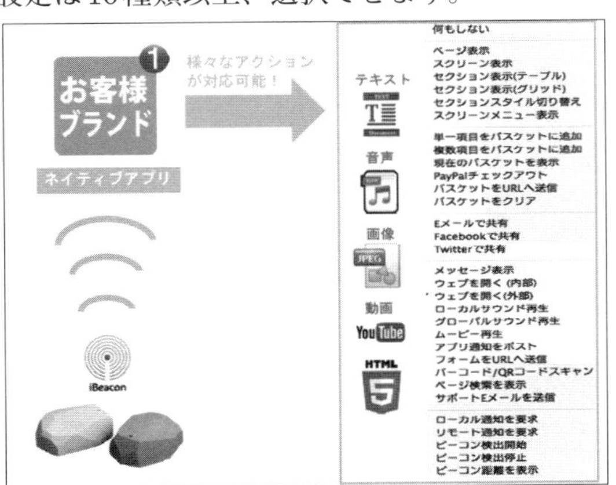

「Beacondo」の特長

■「Beacondoアクション」の種類

- Show ………… ページ/スクリーン/セクション/スクリーンメニュー/バスケット
- Switch ……… セクションスタイル
- Add…………… アイテムをバスケットへ
- Send ………… バスケットをURLへ
- Clear ………… バスケットをクリア
- Share ………… Facebook/Twitter/eメール投稿
- Display ……… メッセージ
- Open ………… ウェブサイト内部/ウェブサイト外部
- Play…………… サウンド/動画ムービー
- Post ………… アプリ通知
- Submit ……… フォームをURLへ
- Scan ………… バーコード/QRコード
- Start/Stop …… iBeacon探索

■「Beacondoツール」の構成

①Beacondoデザイナー【MacOS版】

「Beacondoデザイナー」は、「画面をデザイン」したり、「ページを追加」したり、「インタラクティブな設定」をしたり、「単純なユーザーインターフェイス」で、あなたの「スマホ・アプリ」を制作できます。

②Beacondoビューワー【「iOS版」と「Android版」】

「Beacondoビューワー」は、制作したスマホアプリを、「iTunes」や「ウェブ・サイト」から「ZIP型式」でダウンロードして、遠隔地の顧客に確認してもらうことができます。

「Beacondoビューワーアプリ」で、制作した「ネイティブ・アプリ」をテスト検証するために使います。

③Beacondo SDK【「MacOS版」と「Android版」】

「Beacondo SDK」は、「デザイナー」を使って制作した「スマホ・アプリ」を「ネイティブ・コード」にビルドできます。

これは、制作した「スマホ・アプリ」を「App Store」や「Google Play」で世界に向けて配信するときに必要です。

④Beacondo Manager【「v2.0」から対応、クラウド連携サービス】

「Beacondo v2」からサポートされる「CMSクラウドサーバー機能」です。

「スマホ・アプリ」が「ビーコン反応」したときの「イベント履歴」「来客数」「閲覧アプリページ数」、さらに「プッシュ通知設定機能」を「管理ウェブ画面」上から、確認実行できます。

2-2　「iBeacon」の設定

■ 習うより慣れろ！

では、実際に「Beacondo」の「無料サンプルツール」を下記サイトから「Beacondoツール」をダウンロードして作ってみましょう。

「ビーコン」をはじめるにあたって、用意する物は3つ。

- 「MacOS」が動作する「パソコン」
- iPhoneやAndroidなどの「スマートフォン」
- 「ビーコン端末」

必要なもの

下記サイトより「Beacondo」をダウンロードします。

「Beacondo」無料ダウンロードサイト

http://www.ibeacondo.com/download/

「Beacondoデザイナー」の「日本語版」

http://www.ibeacondo.com/download/beacondo-designer-2.1.zip

「Beacondoデザイナー」の「日本語版」ダウンロードサイト

■ Beacondo デザイナーの起動

ダウンロードした「Beacondo デザイナー」を解凍して、「MacOS 環境」でアプリを立ち上げてみます。

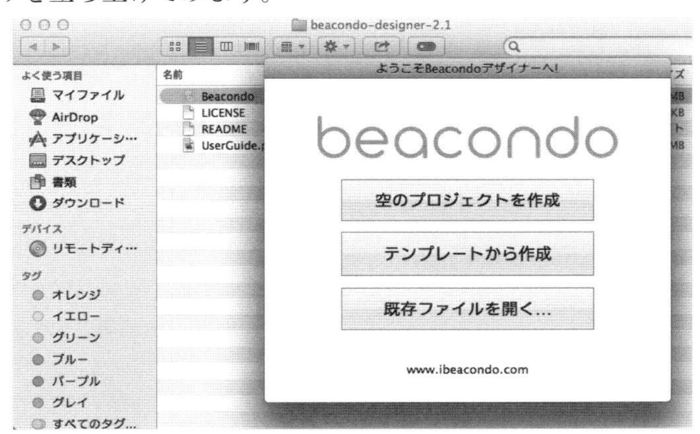

「Beacondo デザイナー」の起動画面

・**空のプロジェクトを作成**	コンテンツは白紙のまま制作します。
・**テンプレートから作成**	「Beacondo 標準テンプレート」にコンテンツを挿入します。
・**既存ファイルを開く**	「XYZ.bdo」拡張子の、既存のコンテンツを読み込んで、デザイン編集作業をします。

■ 既存のコンテンツを基にアプリ制作

「既存ファイルを開く」で、「App Store」であらかじめ申請済みのコンテンツを下記よりダウンロードし、「ZIP 圧縮形式」を解凍して「MacBook」上にある「Beacondo デザイナー」から“Menu.bdo”ファイルを読み込みます。

観光アプリのコンテンツソース(9MB)

http://www.ibeacondo.com/download/Menu.bdo.zip

●「Settings」を選択

「Beacondoデザイナー」で「既存コンテンツ」を開くと、上部に5つのメインメニューが確認できます。

「Settings」「Screens」「Pages」「Extras」「Build」です。

左端の「Settings」をハイライト選択してください。

「Settings」を選択

左ボックス内に「Beacons項目」の下に、「設定済みのBLEビーコン端末」の「UUID/major/minor値」が表示されています。

●ビーコンの適応範囲を選択

「iBeacon検知ツール」の「Dartle」などで、お手持ちの「BLEビーコン端末」の「UUID/Major/Minor値」を確認した後に、「Beacondoデザイナー」の「ビーコン編集」入力項目に「UUID/Major/Minor」数値を入力します。

そしてビーコンの適応範囲を3種類「Immediate」「Near」「Far」のいずれかをツリーメニューから選択します。

ビーコンの適用範囲を選択

「iBeacon検知ツール」の「Dartleアプリ」のダウンロード先

https://itunes.apple.com/app/id904211297

● ビーコンへのアクションを選択

「範囲内でビーコン反応時」という「ダイアログ」で「ビーコン端末」に反応したとき、「アプリ」がどういうアクションをするかを選択します。

アクションを選択すると、10種類以上のアクション項目がポップアップ表示されます。

今回は「ウェブを開く（外部）」を選択します。

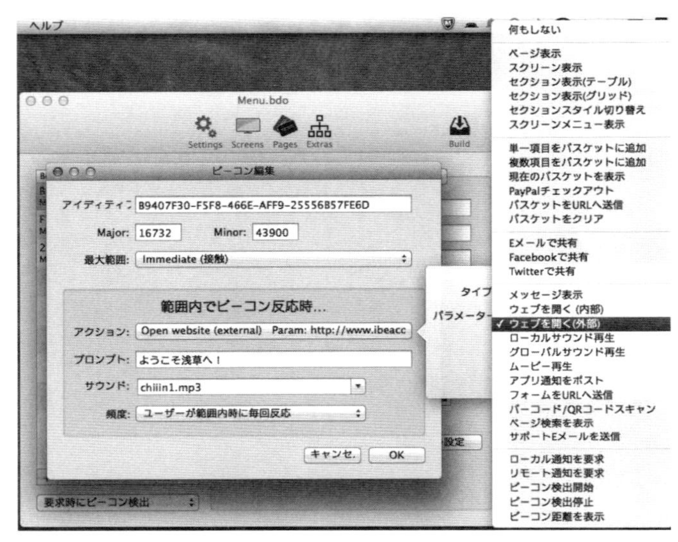

アクションを選択

アクションの下のプロンプトは、ビーコン端末に反応したときの「プッシュ通知」初期画面の表示部分。

また、「Beacondo」では、反応すると同時に、「音声ガイド」や「効果音」も同時にスマホで鳴らすことができます。

実際に「iBeaconアプリ」として「ビーコン端末」に反応し、アクションしたときの「スマホ画面」をキャプチャーした様子です。

「ビーコン端末」に反応したときのスマホの画面

「ビーコン端末」に反応すると「Beacondoデザイナー」で入力した「アプリ名称」と「プロンプト」が表示され、同時に「サウンド・ファイル」が「スマホ・アプリ」で、“ピン”と鳴ります。

● ビーコン端末の反応する頻度

「ビーコン端末」で反応する頻度は、2つあります。

「アプリ起動時に1度反応」と「ユーザーが範囲内に入ったときに毎回反応」の、どちらかを選択します。

反応頻度の選択

2-3 スクリーン(Screens)の設定

「Beacondoデザイナー」を使って「iBeaconアプリ」をデザイン設計する場合、ツールの構造は下記のようになっています。

●「Beacondoアプリ」の構成

・スクリーン（Screens）
・ページ（Pages）
・セクション
・アクション
・バスケット

●「Beacondoスクリーン」の構成

・3Dカルーセル
・スライドショー
・テーブル行
・テキスト入力
・地図（KML=Key Markup Language）

●「Beacondoページ」の構成

・インライン・テキスト
・HTMLファイル
・Webページ

■「スクリーン」(Screens)

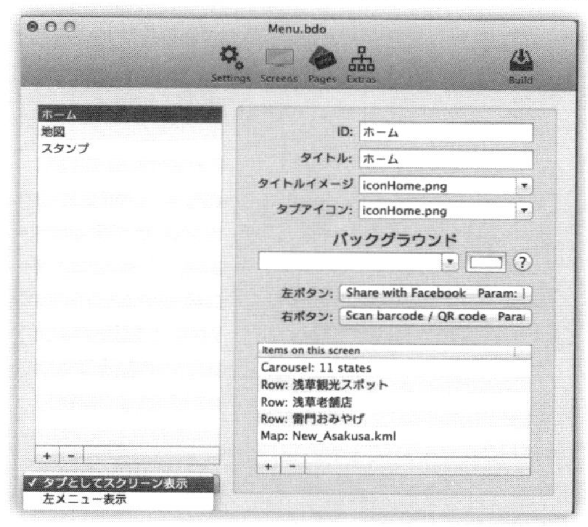

「Beacodoデザイナー」で「スクリーン」(Screens)を開いているところ

「左側」が「タブ」または「メニュー」を定義し、「右側」に「スクリーン画面上のコンテンツ項目」を定義します。

「左下」の「ツリー・メニュー」で、“タブとしてスクリーン表示”の場合は、アプリの底部分に「タブ・ボタン」が表示されます。

これに対して、“左メニュー表示”を選択すると「スクリーンメニュー」を表示し、右へタップ移動すると、「左サイドメニュー画面」を表示します。

「スマホ・アプリ」上での画面表示

注 意

「Beacondoデザイナー」の大メニューは、「Screens」と「Pages」メニューでアプリ内の「コンテンツ・ページ」を、編集構成します。

「Screens」メニューは、アプリのスクリーン全体のデザイン構成を定義します。

これに対して「Pages」では個別の詳細ページを、編集定義します。

まず、最初に、「詳細ページを個別制作」し、最後に、大枠である「スクリーン定義」を設定して、「トップページからの詳細ページにジャンプする設定」をしたほうが効率がいいです。

■「ページ」(Pages)

「Beacodoデザイナー」で「ページ」(Pages)を開いているところ

「Pages設定」では、「左側項目セクション」と「各詳細ページ」の名前を定義します。

「右側画面」でそれぞれ「セクション」と「パージ」のコンテンツのレイアウトを選択します。

おもに「画像ファイルの割り当て」と「トップスクリーンからのリンク設定」をします。

「スマホ・アプリ」上での画面表示

アプリ上部には「セクション名」が割り当てられ、各「サムネイル」の右側に「ページ名」が割り当てられます。

■ ページで使う画像素材

それではもう少し具体的に、「アプリ・コンテンツ」のページで使う「画像素材」について、詳しく見ていきましょう。

＊

下記の画像サンプルは、「iBeacon対応」の「観光アプリ」として企画した内容です。

それぞれ観光地にある「観光名所」の「画像」と、その近辺にある「お土産を販売するお店」の内容を、1つのスマホアプリとしてまとめるときに使った内容です。

①アプリー面の「3Dカルーセル」大画像
【640×320 pixels JPEG画像高解像度：容量100KB前後】
②お店のページへ入る項目「サムネイル①と同じが良い」
【192×126 pixels JPEG画像中解像度：容量20KB前後】
③お店のみに関する画像
【320×210 pixels JPEG画像中解像度：容量50KB前後】
－1番目は、お店全体の写真　×1枚
－2番目は、お店のメニュー　×1枚
－3番目から5番目は商品写真　×3枚　合計＝5枚
④お店に関する情報を「テキスト形式」で入力
－お店のキャッチや、特長、住所、電話番号、営業時間、休日

! 注　意

「Beacondo」では、各画像ファイルを1つの「コンテンツ・フォルダ」に格納する設計になっています。

上記のように3種類の画像ファイルをサブフォルダをつくって階層構造で格納することができません。

よって、それぞれ種類の違う画像は、画像ファイル名に意味をもたせて分別することをお勧めします。

【例】	3Dカルーセルの場合	3D_Kaminarimon_big
	お店サムネイルの場合	Shop_10Masaru
	お店詳細画像の場合	10Masaru_01_Shop
		10Masaru_02_Menu
		10Masaru_03_Tendon etc.

■ 3Dカルーセル画像

コンテンツページの画像が全部揃ったら、まずはじめに「スクリーン(Screens) 設定メニュー」から「3Dカルーセル画像」を選択します。

スクリーン画面に挿入するコンテンツの種類を選択

「右下」にあるダイアログボックスで、「スクリーン画面に挿入するコンテンツの種類」を決めます。「3D carousel」「slideshow」「table row」「text entry」そして「map」です。

●「Carousel:」を選択

「Carousel:」をクリックすると、新たに「3Dカルーセル画像」に挿入するための「ダイアログ」が表示されます。

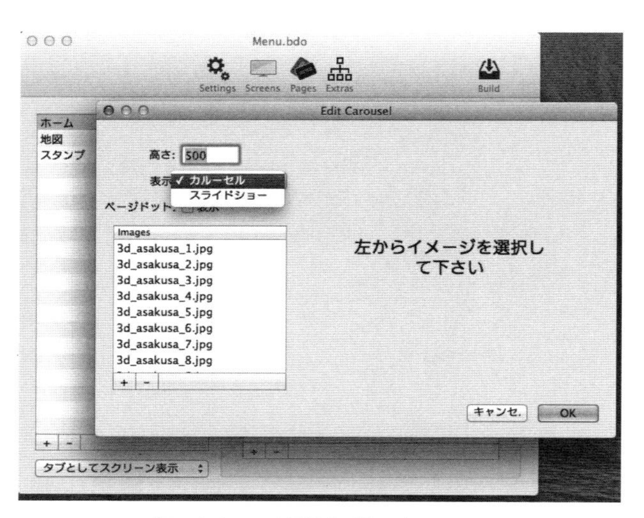

「3Dカルーセル画像」の挿入ダイアログ

注 意

「Beacondo」は、すべての「画像ファイル」を1個の「コンテンツ・フォルダ」に格納します。
よって「画像ファイル名」そのものに意味をもたせ、識別できるファイル名にしてください。

注 意

「Android版」の「Beacondo」では、現在「3Dカルーセル表示」を選択しても、「スライドショー」に強制変換します。
「Android」でも、近日中に「3Dカルーセル」に対応が予定されています。

● タップリンクの設定

「3Dカルーセル画像」をタップすると、ダイレクトに「アプリ」の内部にある「コンテンツ・ページ」にリンクできます。

アプリを使う顧客が興味をもったときに1タップで欲しい情報に辿り着くことができます。

これは「スマホ・アプリ」業界で指摘される、“2タップの原則”に準じています。

タップリンクの設定

今回は、「アプリ」内にある「コンテンツ・ページ」にダイレクトにタップリンクします。

その他「セクション」を一覧したり、「EC機能」があれば、そのまま「バスケット」に「ウィッシュ・リスト」として追加することもできます。

● タップリンク先のページを選択

「3Dカルーセル画像」のリンクで「ページ表示」を選択すると、「アプリ内部」の「ページ名」が、「パラメータ欄」にツリー表示されます。

ここで「3Dカルーセル画像」にリンクするべき「コンテンツ・ページ名」を選択します。

タップリンク先のページを選択

● スマホ上での表示

「スマホ」を持ちながら、指で左右にフリックすると、画像が滑らかに移動します。

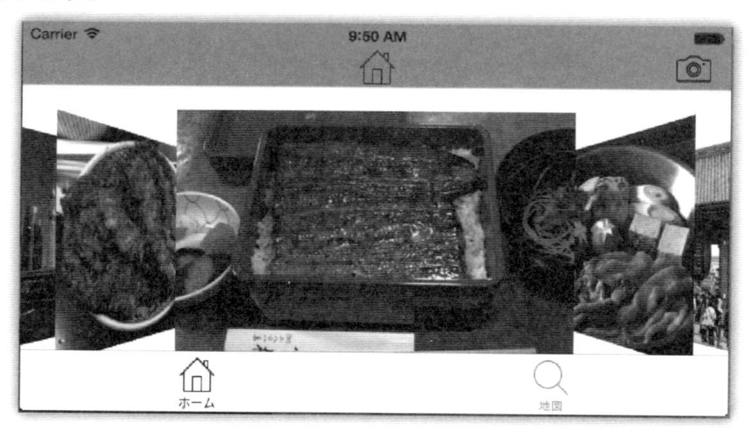

「iPhone」上での「3Dカルーセル表示」

「iPad」の「アプリ上部」で「3Dカルーセル」を表示

■ サムネイル画像

次に、「メニュー項目」として使う「Row:」を選択して、「タイトル・メニュー名」と「サムネイル画像」を選択します。

「Row:」を選択

●「タイトル・テキスト」と「サムネイル画像」の設定

「タイトル・テキスト」は、「大き目」の「文字」で表示されます。

「サブタイトル」は「タイトルより小さなフォント」で表示されます。

それぞれの「フォント・サイズ」と「フォント・カラー」は、下記の項目で変更できます。

それから、「タイトル用のサムネイル画像」を選択します。

「タイトル・テキスト」と「サムネイル画像」の設定

● タップリンクの設定

「タイトル項目」で「サムネイル画像」をタップすると、「リンク先」を指定できます。

今回は、「セクション表示（テーブル）」を指定します。その他、「セクション表示（グリッド）」も選択できます。

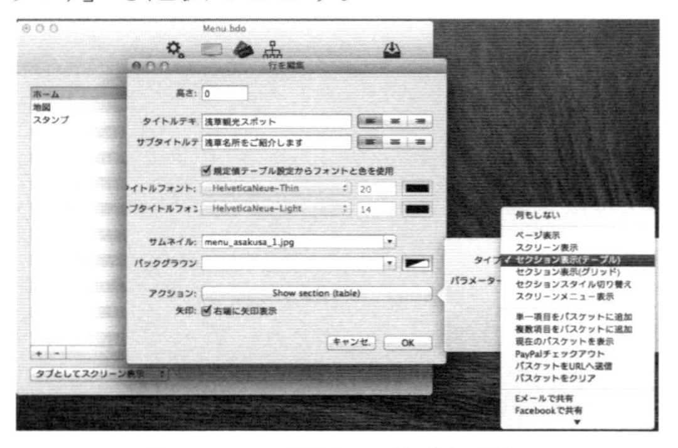

「セクション表示（テーブル）」を選択

● リンク先の「セッション名」を選択

「タイトル・メニュー」でリンクする場合、「セクション表示（テーブル）」か「セクション表示（グリッド）」を選択すると、「パラメータ欄」に「ページ制作」の際に指定した「セクション名」が「リスト表示」されます。

「タイトル」と「タップリンク」するための適当な「セクション名」を「パラメータのツリーメニュー」で選択してください。

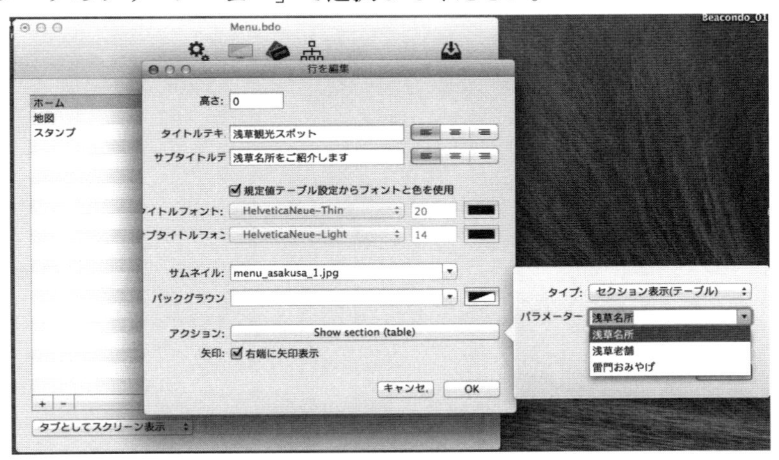

リンク先の「セッション名」を選択

● スマホ上での表示

タイトル名「観光スポット」をタップすると、右側のセクション名「浅草名所」にリンク表示されます。

「iPhone」上での表示

■ 地図表示

「ホーム画面」のいちばん下に「地図」の属性をもつ「Map」を選択します。

「Beacondoデザイナー」は、「KML(Key Markup Language) ファイル」の読み込みに対応しているので、「スマホ・アプリ」内に「地図データ」を簡単に取り込むことがです。

ここでは、すでに作ったKMLファイルをBeacondoデザイナーで読み込んで表示選択する方法を説明します。

「Map:」を選択

●「KMLファイル」の読み込み

「コンテンツ・フォルダ」にある「KMLファイル」を読み込みます。

≪高さ:≫

マップの「高さ：」を「ピクセル数値」で設定します。

≪マップモード:≫

「マップモード：」の設定は、「スタンダード」「サテライト」と、これら2つの混合である「ハイブリッド」を選択できます。

「マップ・モード:」の設定

- **スタンダード**……　通常の「ベクター地図」画像
- **サテライト**………　「サテライト衛星から写真撮影」した地図画像
- **ハイブリッド**……　上記2つを混合した地図画像

≪ロケーション表示:≫

「ロケーション表示:」の設定は、「KMLファイル」を制作するとき、「ピン印」をつけて、「任意の緯度経度情報」をカスタマイズします。このとき、その(a)「ピン印の表示の可否」や(b)「ピン印の表示順番」(「最初に表示」「最後に表示」「すべてを表示（同時表示)」)を指定できます。

「ロケーション表示:」を設定

≪ユーザー表示:≫

「ユーザー表示:」は、実際に「スマホ」をもつ「ユーザー」が、「GPS」で「位置測位」し、「その位置情報をアプリ上で表示」する、「オプション・サービス」です。

その中の「ユーザーロケーション表示」というのは、そのまま「Beacondoデザイナー」で取り込んだ「KMLファイル」上に「スマホ・ユーザー」の「位置情報」が表示される機能です。

「ユーザーを表示してフォロー」というのは、「自分の位置情報」が表示されますが、自分が移動すると、その「位置表示」も、「GPS機能」によって移動します。

「ユーザー表示:」を設定

「ハイブリッド」の「マップ・モード」で地図を表示している状態

「スタンダード」の「マップ・モード」で、「ユーザーを表示してフォロー」オプションを選択して、アプリ内で地図を表示している状態

「黒い点」が、「スマホ・ユーザー」の「現在地」

2-4 ページ(Pages)の設定

「スクリーン (Screens) 設定」で「リンク先のページ」を指定しても、「コンテンツ・ページ」そのものが制作されていなければ、何も表示されません。

通常、「Beacondoデザイナー」で「コンテンツ」をつくる際は、まず最初に、「ページ (Pages) 設定」メニューで「コンテンツ・ページ」をつくります。

そして、準備が出来たら、「スクリーン (Screens) 設定」で、「トップ画像」や、「タイトルのリンク先」の「コンテンツ・ページ」を指定していきます。

「ページ(Pages)設定」画面

「Add section」には、「セクション名」を入れます。

その配下に、「Add page」で、各コンテンツの「ページ名」を割り当てます。

■「サムネイル」の選択

「セクション項目」では「タイトル・イメージ」がなくてもかまいません。

「タイトル・ページ」とリンクすると、自動的に「サムネイル」が抽出されます。

これに対して、「ページ項目」は「サムネイル」を「Layoutメニュー」内で選択します。

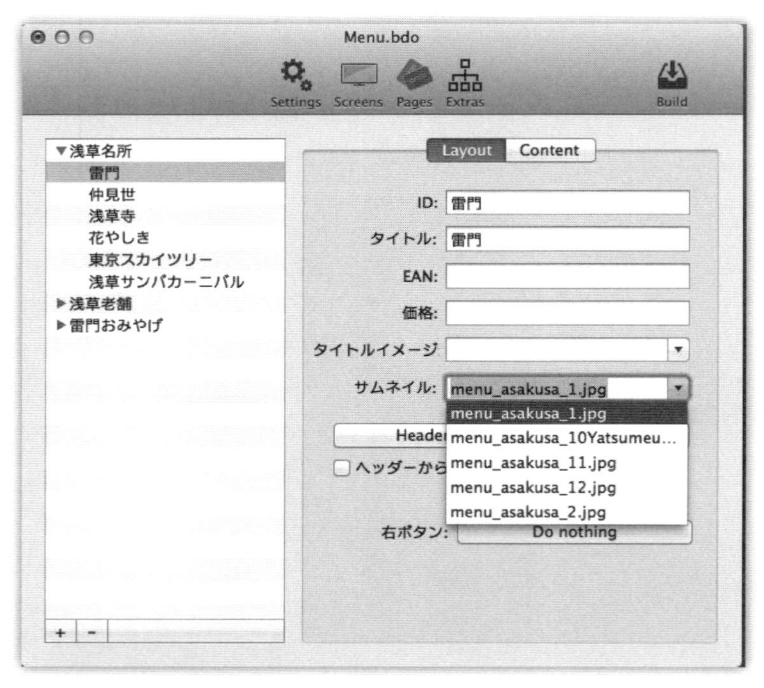

「サムネイル画像」の選択

■「ページ項目」の「Contentメニュー」

「ページ項目」の「Contentメニュー」では、3つのオプションがあります。

- 「コンテンツはファイルからロードされ」
- 「コンテンツはリモートウェブページで」
- 「コンテンツは下記に入力されます」

です。

特に真ん中の「リモート・ウェブページ」で「外部のURL」を指定する場合は、「Beacondo」の「組み込みブラウザ」が「スマホ・アプリ」内で表示できます。

●「コンテンツは下記に入力されます」の場合

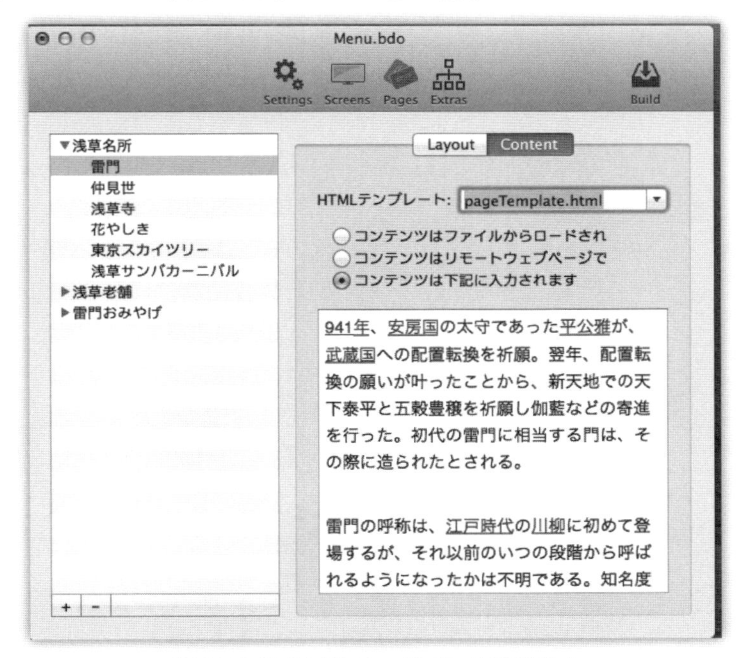

「テキスト」や「HTMLファイル」を、そのまま入力

●「コンテンツはリモートウェブページで」の場合

「リモート・ウェアページで」を選択して、下記のソースで「URL」を入力すると「アプリページ」内で外部のウェブページが読み込まれます。

「外部のウェブページ」が「スマホ対応」の「Responsive Web」であると、「スマホ・アプリ」がとてもリッチなコンテンツになります。

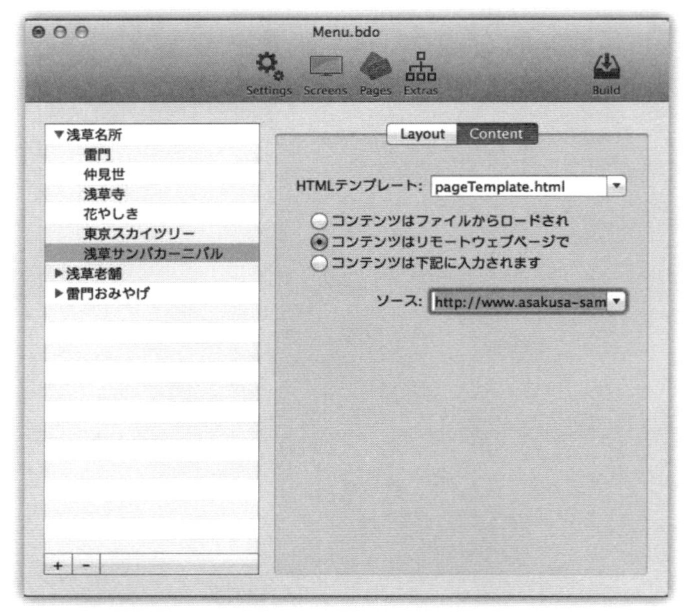

「ソース」に「URL」を入力

「アプリ内」から「リモート・ウェブページ」で表示している状態
「ウェブ」は、「スマホ対応」の「Responsive Web」に対応ずみ

2-5 「Extras」の設定

「Beacondoデザイナー」は、「ウェブ制作」で利用する「JavaScript*1」や「CSS*2」の組み込みが可能です。

さらに、「コンテンツ」内に「動画」や「音声」を組み込んで、「アプリの付加価値」を高めることが可能です。

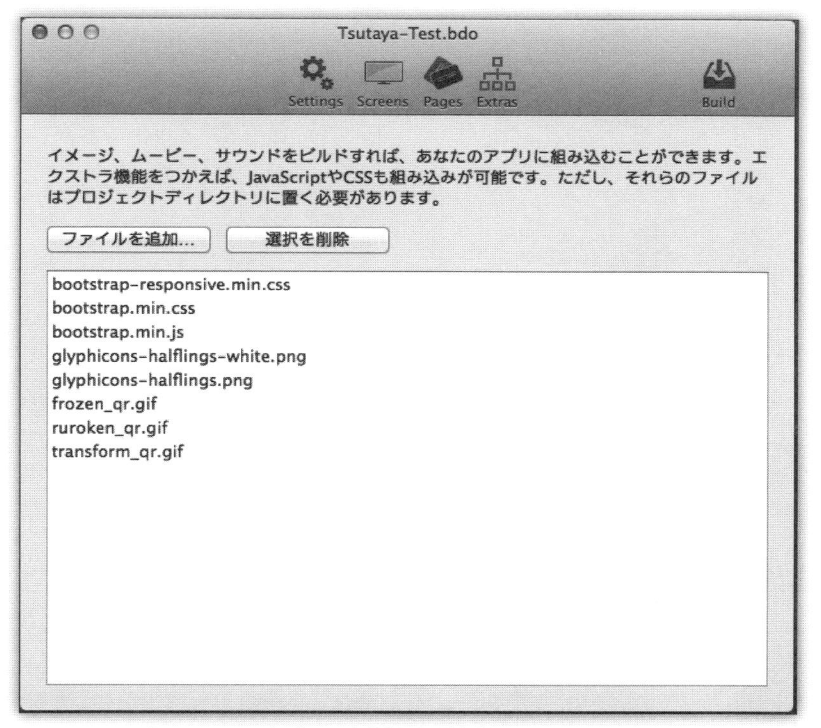

「JavaScript」や「CSS」、「動画」や「音声」の組み込みができる

*1 JavaScript:「WEB」上で「インタラクティブな表現」をするために開発された「オブジェクト指向」の「スクリプト言語」(簡易プログラミング言語)。
*2 CSS (「Cascading Style Sheets」「カスケーディング・スタイル・シート」):「ウェブページ」の「スタイル」を指定するための言語。

「音声ファイル」を「アプリ」に埋め込んで、「JavaScript」と「CSS」で「デザイン設計」された「iBeacon」対応の「スマホ・アプリ」

2-6　「KMLファイル」と「マップ作成」

「Beacondoデザイナー」は、「Google Map」や「Google Earth」で採用されている、「地図用XML言語」である「KML(Key Markup Language) ファイル」の取り込みをサポートしています。

■ 準備するもの

「Google Maps Engine」が2015年1月末でサービスを廃止します。

これにともない、「Beacondo」でサポートする「地図用XMLファイル」(KML) の「編集ツール」として、「AG2KML」という「Windowsプログラム」を利用します。

「AG2KML」のダウンロード先

http://homepage2.nifty.com/mohri/AG2KML_help.htm

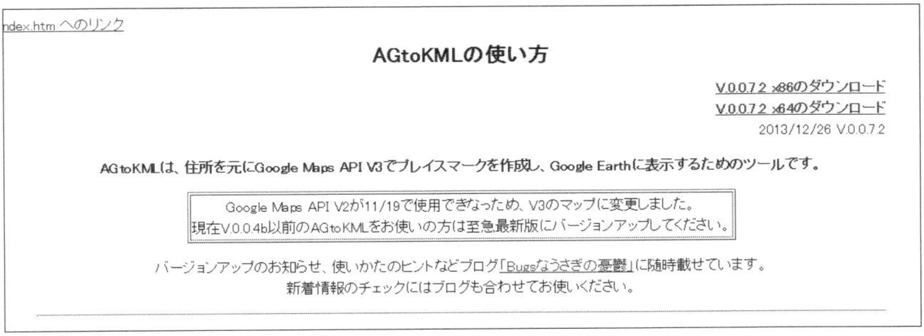

ndex.htm へのリンク

AGtoKMLの使い方

V.0.0.7.2 x86のダウンロード
V.0.0.7.2 x64のダウンロード
2013/12/26 V.0.0.7.2

AGtoKMLは、住所を元にGoogle Maps API V3でプレイスマークを作成し、Google Earthに表示するためのツールです。

Google Maps API V2が11/19で使用できなったため、V3のマップに変更しました。
現在V.0.0.4b以前のAGtoKMLをお使いの方は至急最新版にバージョンアップしてください。

バージョンアップのお知らせ、使いかたのヒントなどブログ「Bugsなうさぎの憂鬱」に随時載せています。
新着情報のチェックにはブログも合わせてお使いください。

AG2KMLのダウンロード・ページ

■ その他に準備するもの

「AG2KML」に加えて、下記のツールを利用して、「Beacondo」用の「KMLファイル」を編集します。

● Microsoft .NET Framework 4

Microsoft .NET Framework 4のダウンロード先

http://www.microsoft.com/ja-jp/download/details.aspx?id=17851

● Microsoft Excel

● Google Earth

「Google Earth」のダウンロード先

https://www.google.co.jp/intl/ja/earth/explore/products/

■「地図データ」の作成

顧客から提供いただいた複数の「住所データ」(EXCELデータ)を、下記の手順で「Beacondo」用に「KMLファイル」に取り込み、「スマホ・アプリ」に組み込みます。

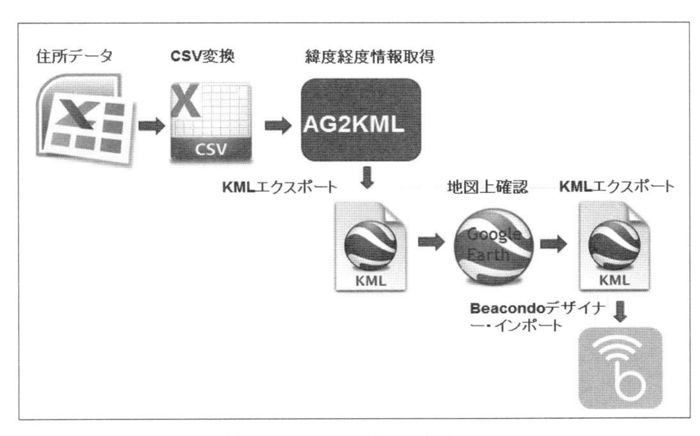

「KMLファイル」作成の仕組み

【手順】　「住所データ」を「KMLファイル」に取り込む

[1]　アプリ内の、

・「店名」や「観光地名」(name)を「A列」
・「住所」(address)を「B列」に貼りつけます。
・「C列」を「lat」、「D列」を「lon」にして「空欄」にします。
・「E列」を「Description」で「電話番号」にします(しかし、「Beacondo」の地図には、現在、反映されません)。

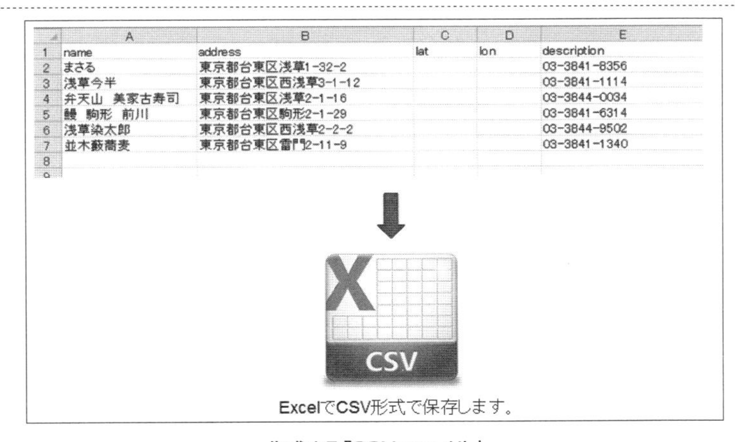

	A	B	C	D	E
1	name	address	lat	lon	description
2	まさる	東京都台東区浅草1-32-2			03-3841-8356
3	浅草今半	東京都台東区西浅草3-1-12			03-3841-1114
4	弁天山　美家古寿司	東京都台東区浅草2-1-16			03-3844-0034
5	鰻　駒形　前川	東京都台東区駒形2-1-29			03-3841-6314
6	浅草染太郎	東京都台東区西浅草2-2-2			03-3844-9502
7	並木藪蕎麦	東京都台東区雷門2-11-9			03-3841-1340
8					

作成する「CSVファイル」

[2] [1]で作った「CSVファイル」を「AV2KML」にインポートします。

「CSVファイル」を正しく読み込むと、「左上の窓」に「名前」と「住所」が表示されるので、右下の「すべてのLatLot取得」をクリックします。

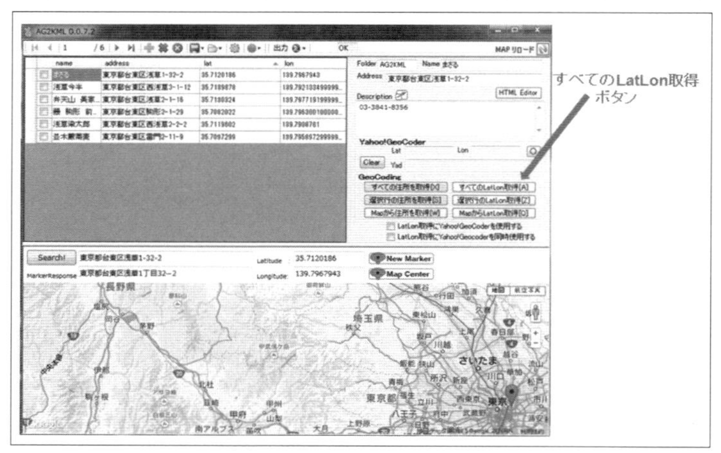

「CSVファイル」を「AV2KML」にインポートし、「すべてのLatLot取得」をクリック

[3] 「IatIot」(緯度経度)の数値が正しく表示されたら、「保存アイコン」をクリックし、「KMLで保存」を選択し、「KML形式」で「ファイル」を保存します。

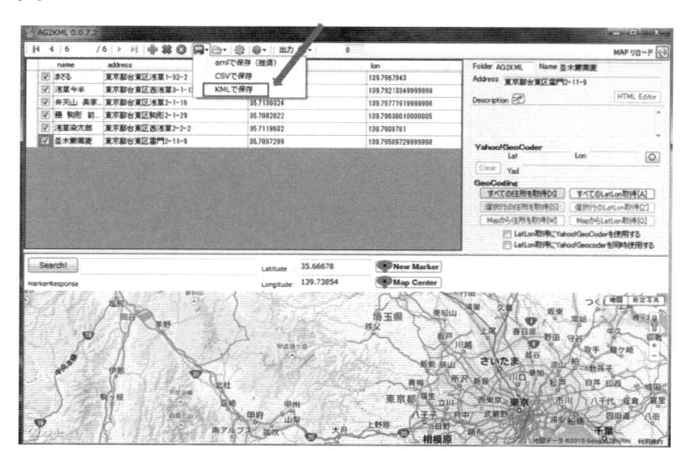

「KML形式」で「ファイル」を保存

[4]　「Google Earth」を立ち上げて、**[手順3]**で「エクスポート」した「KMLファイル」を読み込みます。

「Google Earth」上で「黄色ピン」で、「名前」と「地図上の場所」が正しく一致しているか確認します。

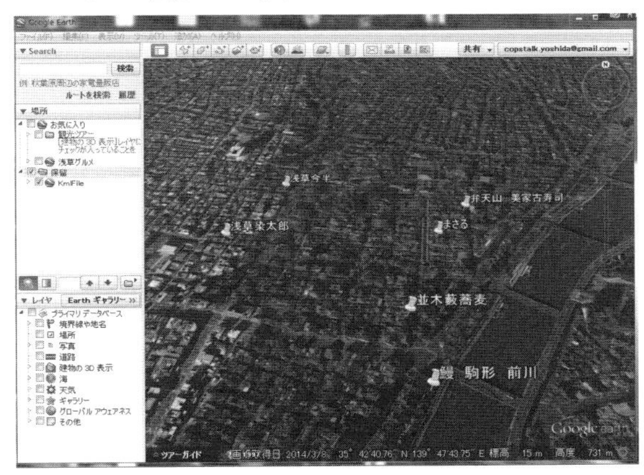

「KMLファイル」を「Google Earth」に読み込む

[5]　「黄色ピン」を「マウス」でクリックすると、「詳細ウィンドウ」が表示されます。「名前」「電話番号」「住所」が表示されるので、「EXCELデータ」と確認してください。

「Google Earth」で「KMLファイル形式」でファイルを保存します。

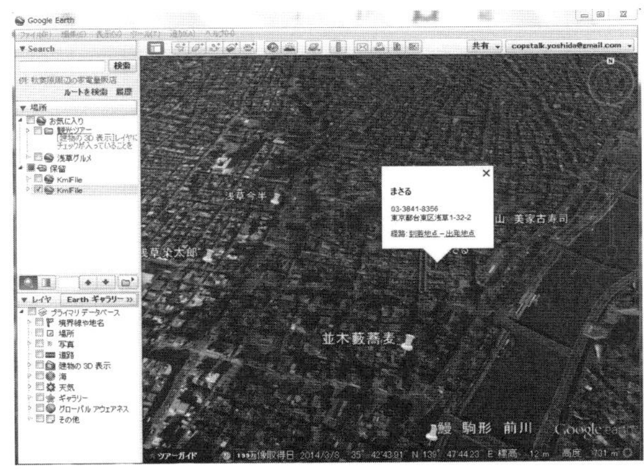

「黄色ピン」を「マウス」でクリックして、データを確認

[6] [5]で「作成」「保存」した「KMLファイル」を「MacOS」が動作する「デスクトップPC」か「MacBook」に転送します。

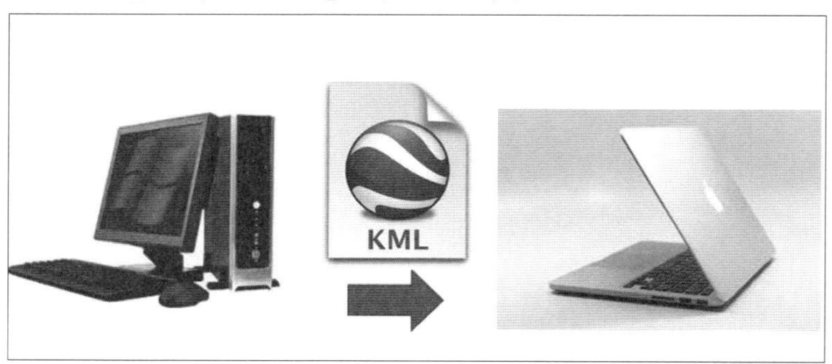

「KMLファイル」を「Mac」に転送

[7] 「Beacondoデザイナー」を使い、「コンテンツ・フォルダ」に「KMLファイル」をコピーして「Beacondoデザイナー」の「表示項目」に「MAP」を選択して、コピーした「KMLファイル」を読み込みます。

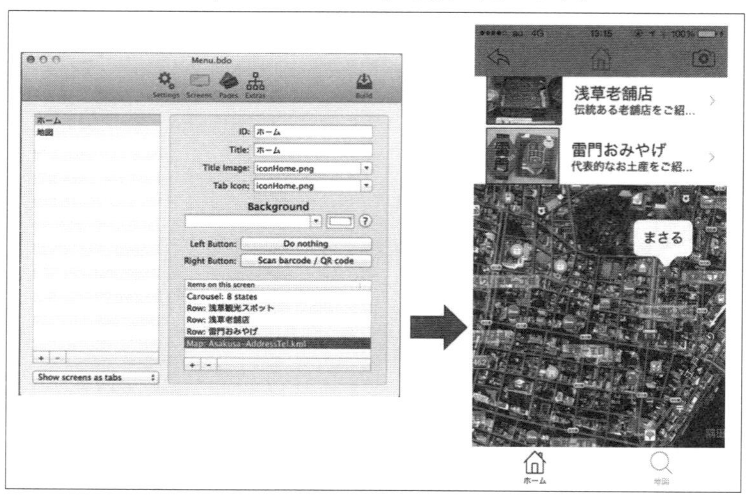

「Beacondoデザイナー」にサテライト地図を設定した「KMLファイル」を読み込む

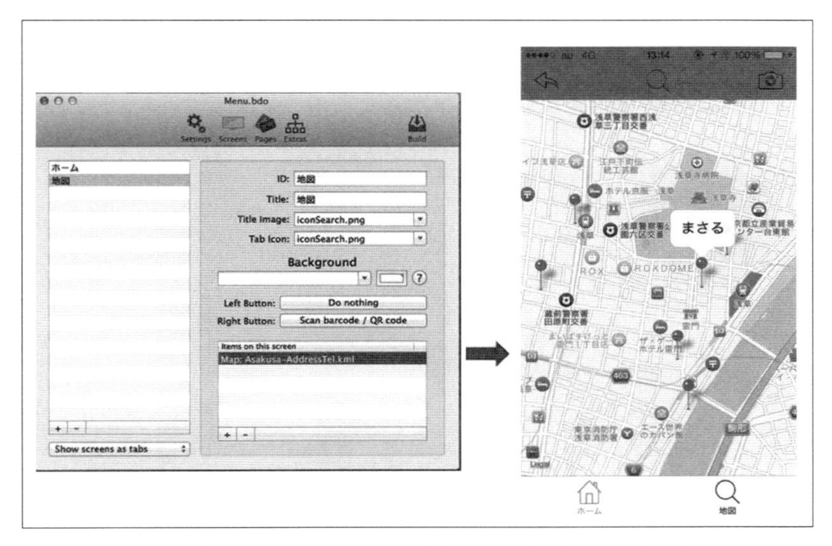

「Beacondoデザイナー」にベクター地図を設定した「KMLファイル」を読み込む

2-7 「Twitter」「Facebook」共有設定

■「Twitter共有」設定

「Beacondoデザイナー」を使って「スマホ・アプリ内の写真」を、選択しながら「コメント入力」することで、「Twitter共有」できます。

Twitter共有の設定画面

上記は「ホーム画面」の左上にあるアイコンを「Twitterボタン」として割り宛てて、「スマホで撮った写真」を、そのまま「Twitter」に投稿する設定です。

ここでは「アイコン」部分なので、「タイトル項目」を入力する必要はありません。

●「フォルダ」の箇所

「Twitter」に投稿する際に、「写真」など添付する「フォルダ」の箇所を選択します。[PHOTOLIBRARY][USERSELECT][SCREENSHOT]の3種類のうち、いずれかを選択します。

「フォルダ」の箇所

● 動作確認

「Beacondo」で設定したアプリが、実際に「Twitter」と連動しているか、確認します。「左上」の「Tアイコン」が「Twitter」のアイコンです。これをタップすると、スマホアプリ内で蓄積された「写真データ」を呼び出します。

スマホの実行画面

● Twitterで確認

「Twitterアカウント」に連動して選択した「写真」が添付されているのを確認しました。

Twitterで確認

■「Facebook共有」設定

「Beacondoデザイナー」で「スマホアプリ内の写真」を選択しながら、「コメント」を入力することで「Facebook共有」ができます。

Facebook共有の設定画面

上記は「ホーム画面」の左上にあるアイコンを「Facebookボタン」として割り宛てて、スマホで撮った写真を、そのまま「Facebook」に投稿する設定です。

ここではアイコン部分なので、「タイトル項目」を入力する必要はありません。

●「フォルダ」箇所の選択

「Facebookに投稿する際、写真など添付する「フォルダ」の箇所を選択します。[PHOTOLIBRARY] [USERSELECT] [SCREENSHOT] の3種類のうち、どれかを選択します。

「フォルダ」の箇所を選択

● 動作確認

「Beacondo」で設定したアプリが実際に「Facebook」と連動しているか、確認します。「左上」の「Fアイコン」が「Facebook」のアイコンです。

これをタップすると、「スマホ・アプリ内」で蓄積された「写真データ」を呼び出します。

スマホの実行画面

● Facebookで確認

「Facebookアカウント」に連動して選択した「写真」が添付されているのを確認しました。

Facebookで確認

2-8　「Barコード」「QRコード」読み取り

「Beacondoデザイナー」は、「スマホのカメラ機能」を使った「Barコード」や「QRコード」の「スキャニング機能」が搭載されています。

この「機能」を「スマホ・アプリ」に組み込めば、「商品のバーコード」と「商品内容」を連動させたり、「商品」を読み取ったら「QRコード」で「外部のECサイト」と連携して「売上拡販」につなげることもできます。

■ Barコード

「バーコード」には「UPC」（アメリカ・カナダ）と「EAN」コードがありますが、基本的な体系は同じです。

「JANコード」は日本国内だけの名称で、海外では「EANコード」と言います。

「JANコード」と「EANコード」は同一の共通商品コードです。

「EANコード」は約100ヶ国が採用している、世界共通の商品コードです。

「JAN」は「JIS」によって規格化された「バーコード」で「アメリカ/カナダ」の「UPC」、「ヨーロッパ」の「EAN」と互換性があります。

ただし、「JAN」には「標準タイプ」（13桁）と「短縮タイプ」（8桁）の2種類があります。

■ 「Barコード」「画像」自動変換サイト

下記サイトで「Barコード」を「JAN番号」から変換して「画像形式」に変換します。

http://www5d.biglobe.ne.jp/~bar/page3/barmain.html

「Barコード」「画像」自動変換サイト

「Barコード」の読み取り

【手順】

[1] 「Barコード」を画像変換した「EAN/JAN」番号を、下記商品「Layout」を開き、「EAN項目」に「数値入力」します。

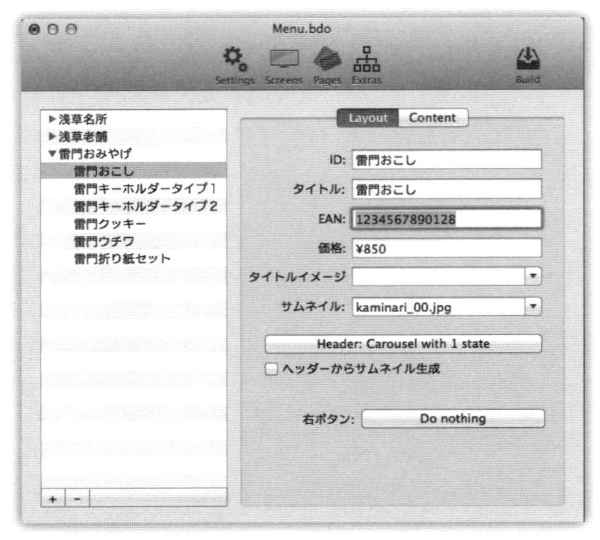

「Layout」の「EAN項目」に「数値入力」

[2]　「商品コンテンツ」を確認します。

「リモート・ウェブページ」で「ECサイト」の「商品リンク先」ページを指定すれば、通常の「EC決済機能」とリンクして支払いができます。

ただし、「ECサイト」は、「スマホ用」に「Responsive機能」のほうがベターです。

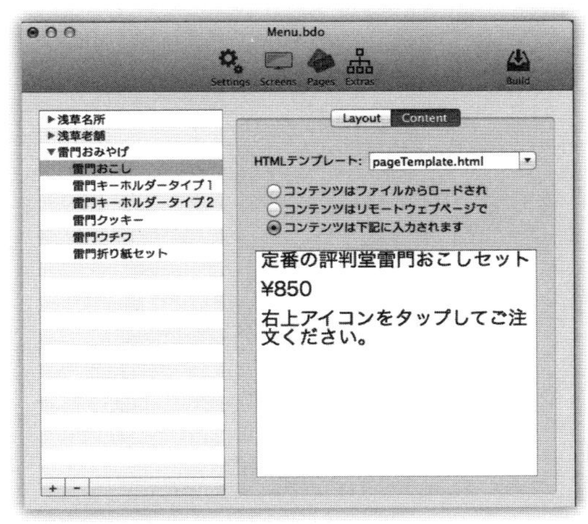

「Content」を確認

[3]　前述の専用サイトで画像変換した「Barコード」を、スマホの右上の「スキャンボタン機能」で読み取れるようにします。

カメラ画像を設定

右上のカメラアイコンをタップするとBarコードを読み取ることができます。

スマホの右上の「スキャンボタン機能」で読み取る

専用サイトで画像変換した「Barコード」

[4] アプリの右上「スキャンボタン」を開くと、カメラが自動起動します。
前述の「Barコード」を自動認識すると、「雷おこし」商品ページにジャンプします。

「Barコード」を認識した

■「QRコード」の読み取り

【手順】

[1]　「Barコード」は、「EAN/JAN」のルールによる数値を画像変換しますが、「QRコード」の場合は、「数値」だけでなく、「文字」（漢字含む）も「2次元Barコード」として認識することができます。

下記サイトで「文字」を「QRコード画像」に変換して認識できます。

QRコード自動作成サイト

https://www.cman.jp/QRcode/

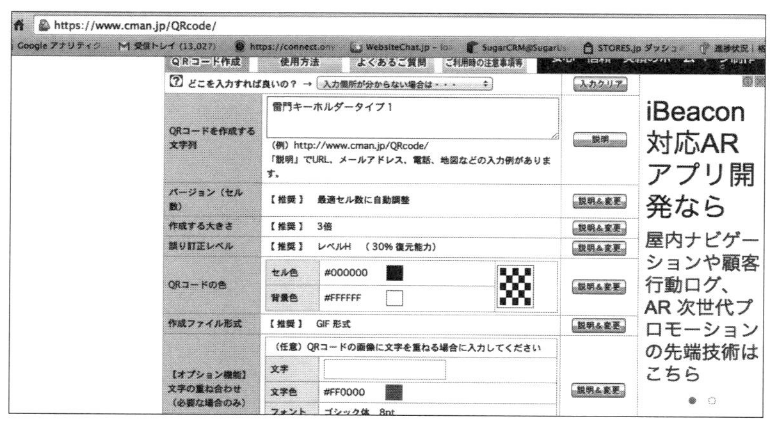

QRコード自動作成サイト

[2] サイト上の「変換ボタン」を押すと、左下に「QRコード」が自動生成されます。「QRコード画像」としてダウンロードします。

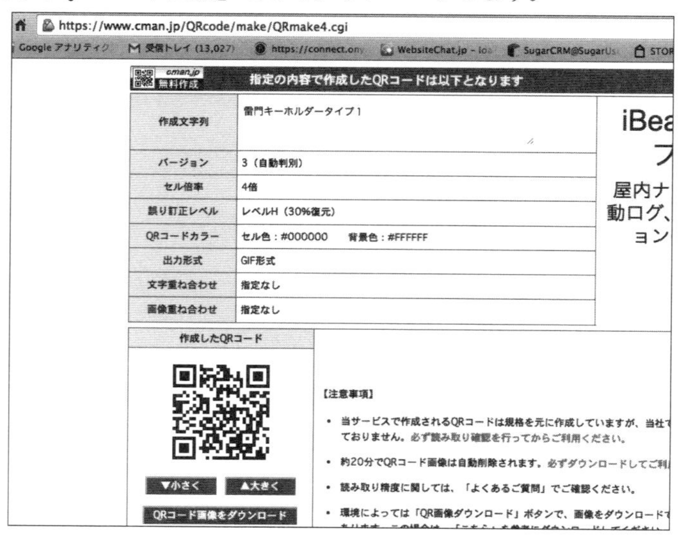

「QRコード画像」をダウンロード

[3]　商品項目の「Layout設定」の「EAN項目」に、「QRコード画像」に変換する前の文字、「雷門キーホルダータイプ1」と入力します。

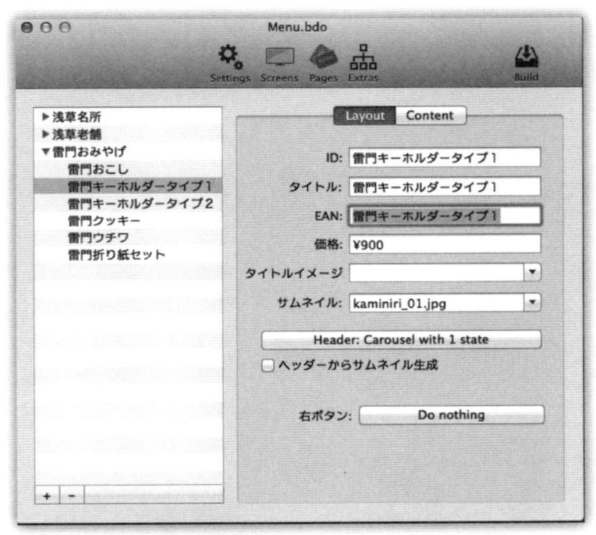

「EAN項目」に「QRコード」に変換する「文字」を入力

[4]　前述の専用サイトで画像変換した「QRコード」を、スマホの右上の「スキャンボタン機能」で読み取ります。右上の「カメラアイコン」をタップします。

スマホの右上の「スキャンボタン機能」で読み取る

専用サイトで画像変換した「Barコード」

[5] 「QRコード」を画面上や紙面に表示して、「スマホ・アプリ」のカメラ機能で読み込みます。指定した「商品ページ」が表示されます。

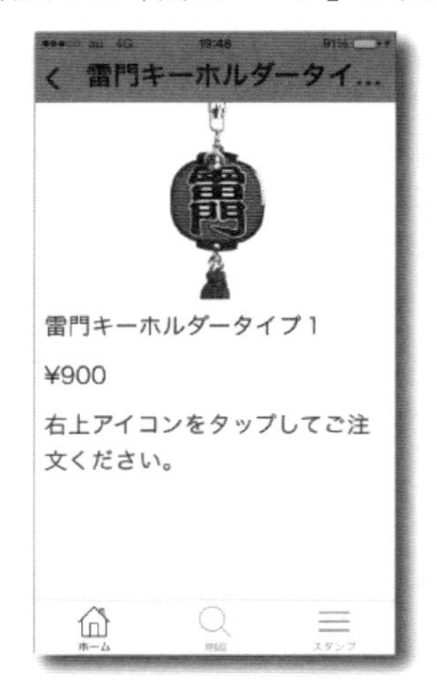

「QRコード」を認識した

2-9 「Beacondoビューワー」で「アプリ」を検証

「Beacondoデザイナー」で制作した「アプリ・コンテンツ」は、「Beacondoビューワー」で確認できます。

たとえば、遠隔地の顧客にアプリの詳細を確認したり、「ネイティブ・アプリ」をビルドする前に「アプリの動作を検証」した後に、「Apple Appストア」や「Google Playストア」に登録申請ができるのでとても安心です。

■ アプリ名の確認

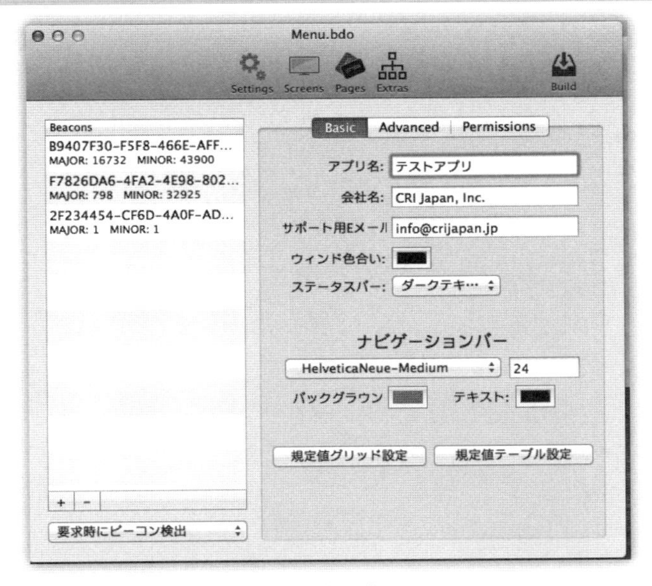

アプリ名の確認

「Beacondo」で制作したアプリを「Beacondoビューワー」で確認するには、上記のアプリ名で確認します。

ここで「アプリ名」には「バージョン番号」を入れて「Beacondoビューワー」で検証するといいでしょう。

■「Beacondoビューワー」用ファイルのビルド

【手順】

[1] 「Beacondoデザイナー」の右端の「Build」を選択すると、下記メニューが表示されます。「Beacondoビューワー」で読み込める「Beacondoビューワーでビルド」を選択し、真ん中に位置する「ビルド開始」ボタンをクリックしてください。

「Beacondoビューワーでビルド」を選択して「ビルド」

[2] 「制作したコンテンツ」の「ファイル名」を尋ねられるダイアログが表示されます。ここで適当な「アプリのファイル名」を入力します。

前述のアプリ名と同じにしたほうが分かりやすいでしょう。

「ファイル名」を入力

[3] 「ビルド」が正しく動作すると、下のダイアログにある「ビルドメッセージ」に、「NOTICE: Build complete.」と表示されます。この表示になれば、ビルドが成功したことになります。

前述で入力した「ファイル名」の後に「.ZIP」が付加されて、「MacOS」上でファイル保存されます。

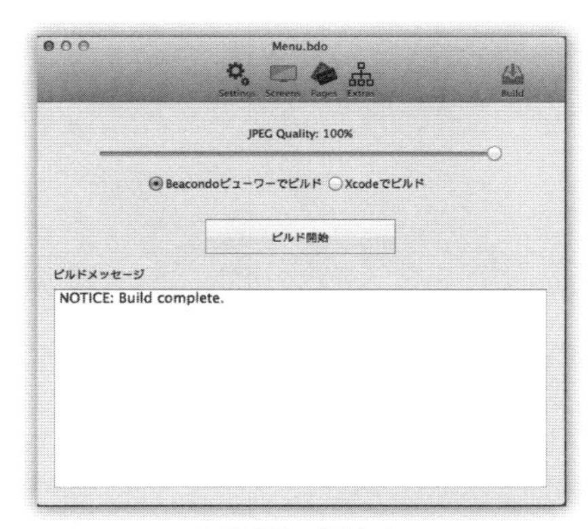

ビルドに成功した

■「Beacondoビューワー」での確認

「アプリ制作環境」の「MacOSのパソコン」と、「iPhone」「iPad」「iPod」など、「iOSデバイス」とを「USBケーブル」で接続します。

そして保存された「.ZIP形式」の「コンテンツ・ファイル」を、「iTunesアプリ」で転送します。

「iTunesアプリ」を立ち上げて、「iOSデバイス」を認識した後、「App項目」で「Beacondoビューワー」を選択して、「書類」に「ファイル」をドラッグ＆ドロップして、コピーします。

【手順】

[1] 「iOSデバイス」に「Beacondoビューワー」をインストールします。

下記「Appストア」からダウンロードしてください。

> https://itunes.apple.com/jp/app/beacondo-viewer/id852595735?mt=8

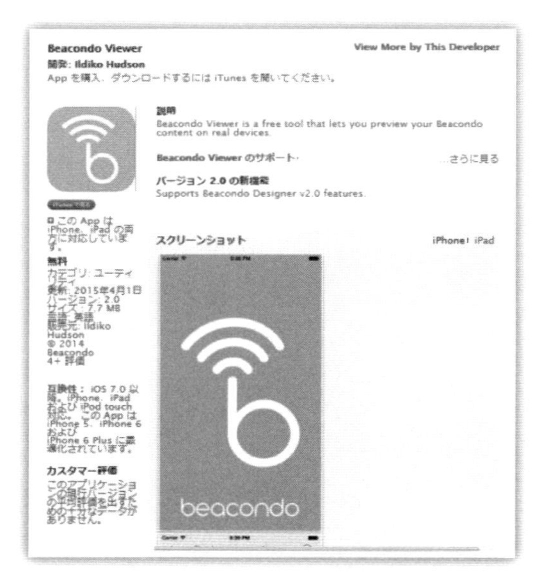

「Beacondoビューワー」を「Appストア」からダウンロード

[2] 「MacOSパソコン」と「iOSデバイス」を「USBケーブル」で接続します。

[3] 「MacOSパソコン」の「iTunes」を立ち上げ、「iOSデバイス」を認識します。

「iTunes」を立ち上げる

[4] 「iTunes」の「App項目」を選択し、「Beacondoビューワー」アイコンをクリックすると、「Beacondoの書類」として、すでに読み込まれた「アプリ・コンテンツ」が、リスト表示されます。

このスペースに、保存した「ZIP形式」の「ファイル」を、マウスでドラッグ＆ドロップします。

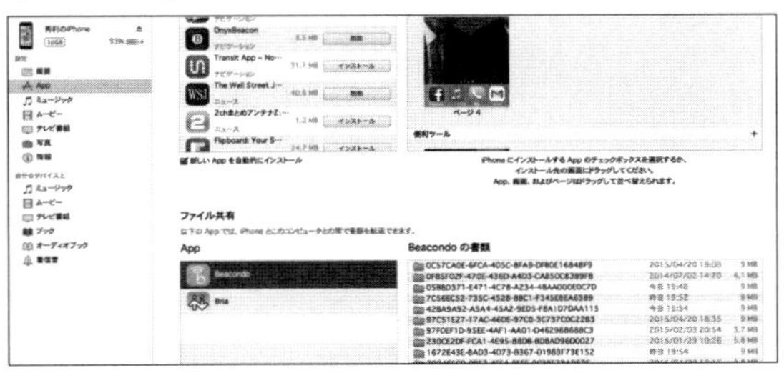

「Beacondoの書類」としてドラッグ＆ドロップ

[5] 「iOSデバイス」にインストールした「Beacondoビューワー」アプリを開き、アプリ右上の「＋」印をタップします。

下記のように下のほうから「メニュー」が表示されるので、「Copy from iTunes」をタップすると、新しい「アプリ・コンテンツ」が「Beacondoビューワー」に「自動解凍」－「自動インストール」されます。

「Beacondoビューワー」に上手く読み込みができると、最初に「登録したアプリ名」と「日付け」がリスト表示されます。

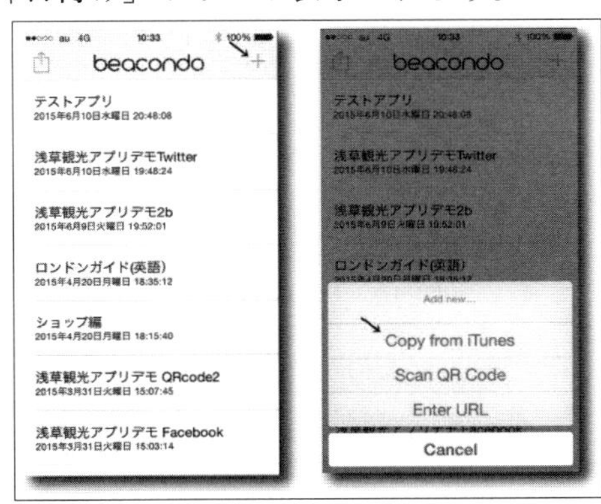

「Beacondoビューワー」に読み込まれた

■「Android版」の「Beacondo ビューワー」

「Beacondo ビューワー」の「Android版」は「アプリ・コンテンツ」を「iOS用」と同じファイルで導入できますが、「選択項目」は、「Enter URL」のみとなります。

同じ「アプリ・コンテンツ」を「ZIP形式」でインターネットで公開できる「URL」にコピーして、この「URL」を「Beacondo ビューワー Android版」で読み込む必要があります。

「Beacondo ビューワー Android版」のダウンロード先

```
https://play.google.com/store/apps/details?id=com.beacondo.viewer&hl=ja
```

注 意

「Beacondo デザイナー」で制作して保存した「ZIP形式」のファイルですが、ファイルを解凍してテキストエディタで確認すると、「XML形式」になっているのが確認できます。

ここで「iBeacon」に関する情報は、

```
<beacons> ~ </beacons>
```

で定義されています。

また、各「ビーコン端末」ごとの詳細も、

```
<beacon> ~ </beacon>
```

で定義されています。

「ZIP形式」ファイルには、「XML形式」のデータが入っている

第3章

「iBeaconアプリ」を登録

「iBeacon」対応「スマホ・アプリ」を、「クロスプラットフォーム」(「iOS」と「Android」)で登録申請する“ノウハウ”を教えます。

3-1 「iOS ネイティブ・アプリ」を設定

■ 開発環境準備

「App Store」から「Xcode」をダウンロードして、インストールします。

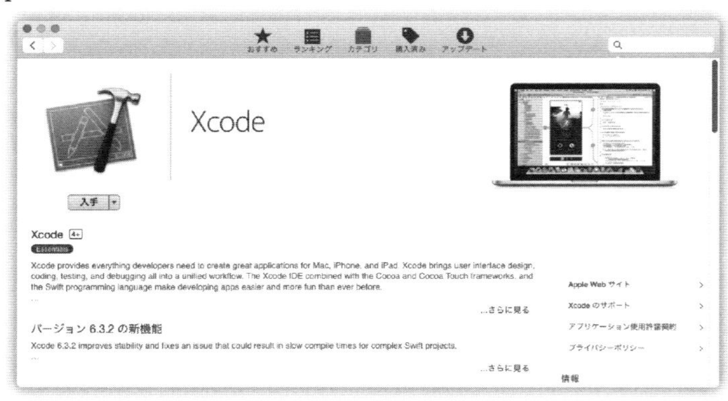

「Xcode」をインストール

● Beacondo SDK

下記URLから「Beacondo SDK」をダウンロードし、任意の場所に移動します。

```
http://beacondo.com/download/
```

■ 「iOS」の「ネイティブ・アプリ」作成

コンテンツを「Xcode」用にBuildします。

【手順】

[1] 「Beacondoデザイナー」の右端の「Build」を選択すると、下記画面が表示されるので、「Build for Xcode」を選択し、「Start Build」をクリックします。

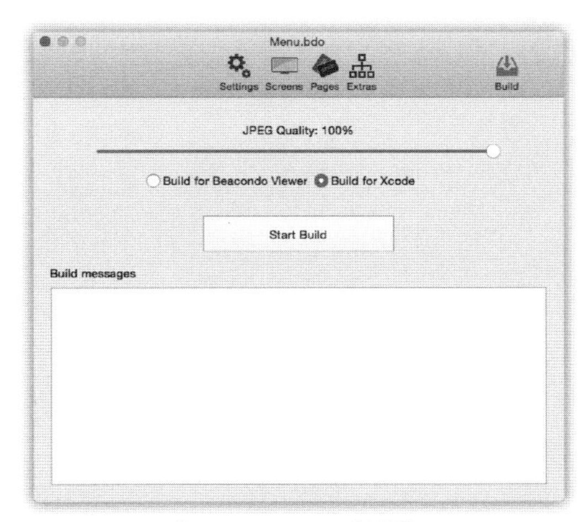

「Build for Xcode」を選択

[2] 「コンテンツ」を保存するための「フォルダ」を指定する「ダイアログ」が表示されます。そこで、「Beacondo SDK」の下記「Contentフォルダ」を指定します。

任意の場所 : beacondo-sdk-2.0 : BeacondoApp : BeacondoApp : Base.lproj : Content

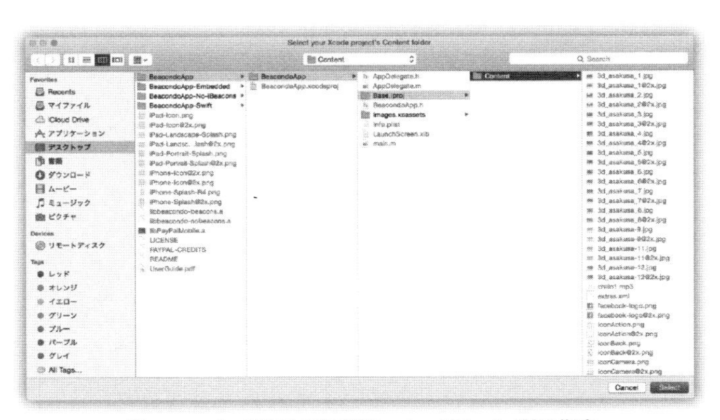

「Beacondo SDK」の下記「Contentフォルダ」を指定

※「Content」内の既存ファイルは、すべて削除されます。

[3] ビルドが正しく動作すると、下のダイアログにある「Build message」に「NOTICE: Build complete.」と表示されます。この表示になればビルドが成功したことになります。

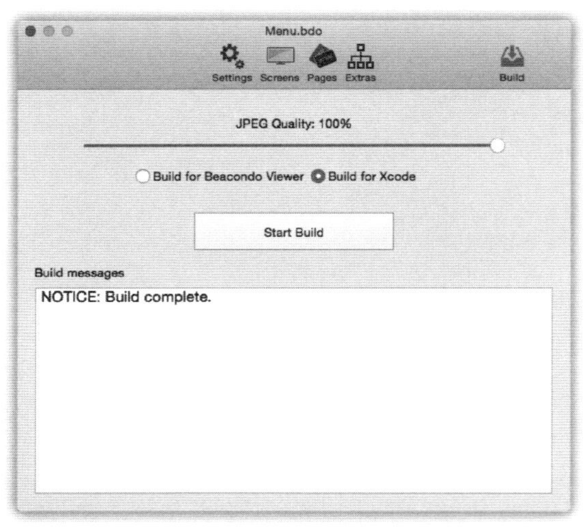

ビルドに成功した

[4] 「Xcode」を起動し、「File」メニューから「Open...」を選択すると、「プロジェクト・ファイル」の「選択ダイアログ」が表示されます。

「Xcode」のアイコン

そこで、下記ファイルを選択して、「Open」ボタンをクリックします。

任意の場所 : beacondo-sdk-2.0 : BeacondoApp : BeacondoApp.xcodeproj

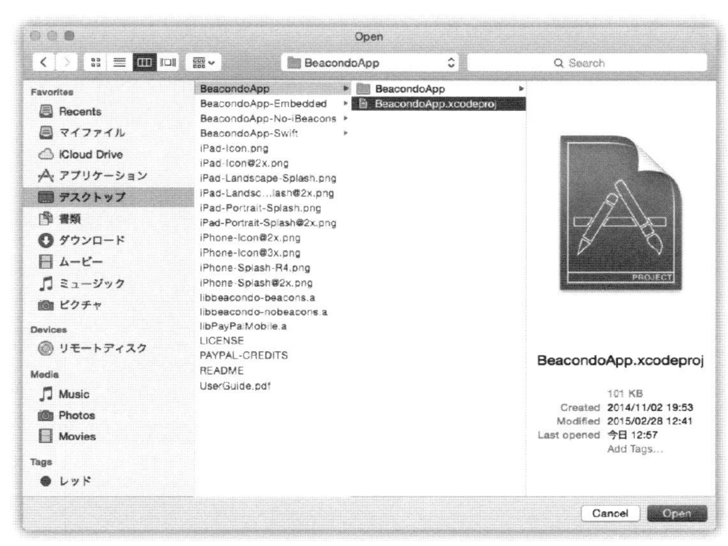

保存した「プロジェクト・ファイル」を選択

[5] 「BeacondoApp」の「プロジェクト・ファイル」が開かれるので、左側メニューの「BeacondoApp」を選択し、「Info」タブを選択します。

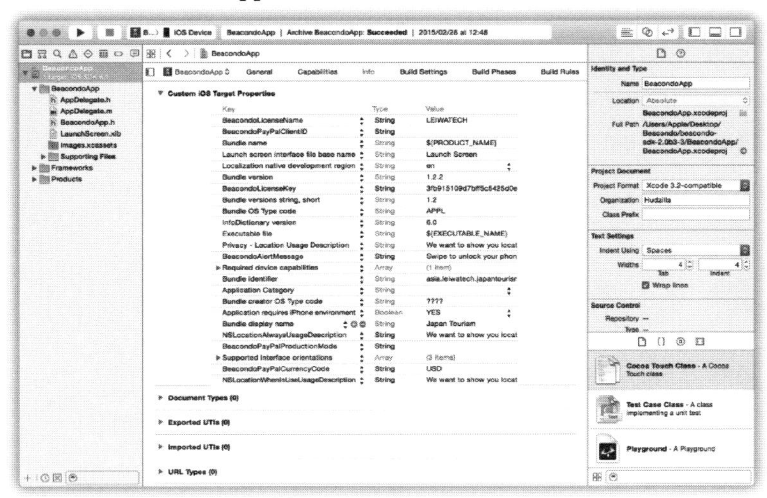

「Info」タブを選択して設定

・BeacondoLicenseName を設定
・BeacondoLicenseKey を設定
・Bundle identifer を設定
・Bundle display name を設定

[6] 左側メニューの「Images.xcassets」および、右側の「AppIcon」を選択すると、「アイコン設定画面」が表示されます。

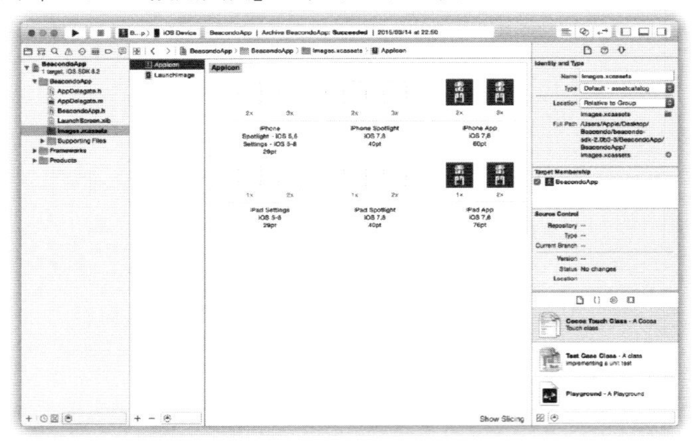

アイコンを設定

以下のサイズのアイコンを作り、アイコンをドロップして登録します。

■iPhone App
2x : iPhone-Icon@2x.png (120×120ピクセル)
3x : iPhone-Icon@3x.png (180×180ピクセル)

■iPad App
1x : iPad-Icon.png (76×76ピクセル)
2x : iPad-Icon@2x.png (76×76ピクセル)

[7] 「LaunchImage」を選択すると、「スプラッシュ登録画面」が表示されます。

「スプラッシュ画面」を登録

以下のサイズの「スプラッシュ画面」を作って、「スプラッシュ画面」ファイルをドロップして登録します。

■iPhone Portrait
- 2x : iPhone-Splash-2x.png　(640×960ピクセル)
- Retina 4 : iPhone-Icon@3x.png　(640×1136ピクセル)

■iPad Portrait
- 1x : iPad-Portrait-Splash.png　(768×1024ピクセル)
- 2x : iPad-Portrait-Splash@2x.png　(1536×2048ピクセル)

■iPad Landscape
- 1x : iPad-Landscape-Splash.png　(1024×768ピクセル)
- 2x : iPad-Landscape-Splash@2x.png　(2048×1536ピクセル)

---

[8]　左側メニューの「BeacondoApp」を選択し、「General」タブを選択して、「スプラッシュ画面」の設定をします。

「App Icon and Launch Images」の「Launchi Screen File」を「空白」にします。

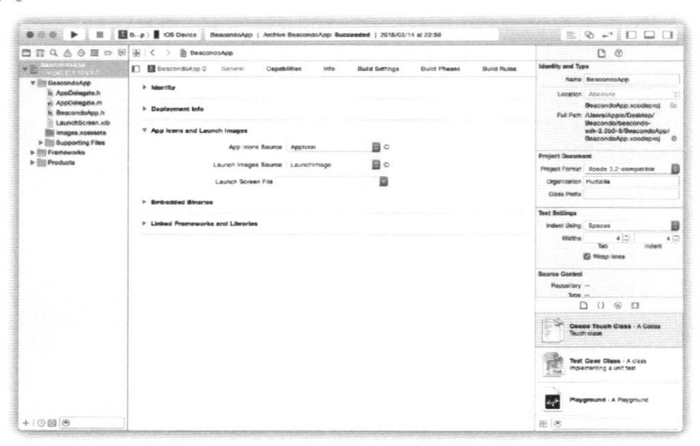

「Launchi Screen File」を「空白」にする

3-2　「App Store」への登録

■ Apple Developer Program

以下の「URL」にアクセスし、「Apple ID」を使ってログインします。

```
https://developer.apple.com/jp/programs/
```

「Apple Developer Program」に参加する手続きをします。

「参加費用」として、年間¥11,800かかります。

■「証明書署名要求」(CSR)ファイルの作成

「キーチェーンアクセス」を起動し、「メニュー」の「キーチェーンアクセス」→「証明書アシスタント」→「認証局に証明書を要求...」を選択します。

● 証明書アシスタント

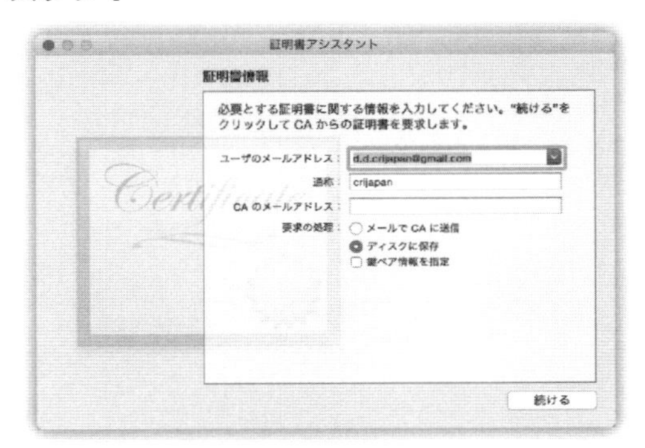

証明書情報の入力

・ユーザのメールアドレス：Apple Developer Programに登録しているもの
・通称：任意
・CAのメールアドレス：空白
・要求の処理：ディスクに保存

「続ける」をクリック。

● 保存ダイアログ

証明書の保存先フォルダ選択

フォルダを選択し、「保存」をクリック。

■ メンバーセンター

以下の「URL」にアクセスし、ログインし、メンバーセンターへのリンクをクリックします。

```
https://developer.apple.com/jp/
```

【手順】

[1]「Certificates, Identifiers & Profiles」をクリック。

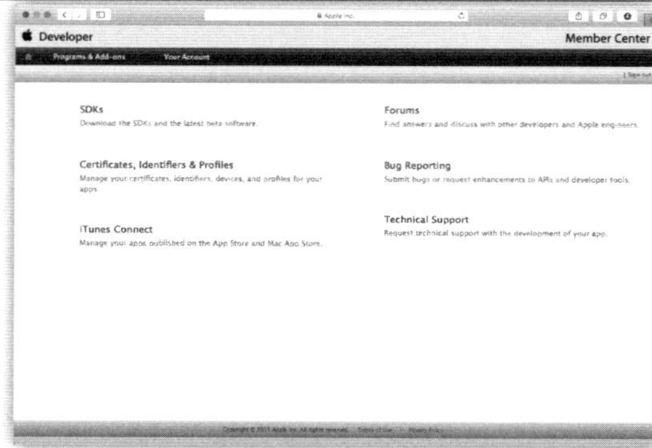

「メンバーセンター」のページ

[2]「Certificate」の「All」を選択後、「+」をクリック。

「App Store and Ad Hoc」を選択して、配布用の証明書を作成。

「Continue」をクリック。

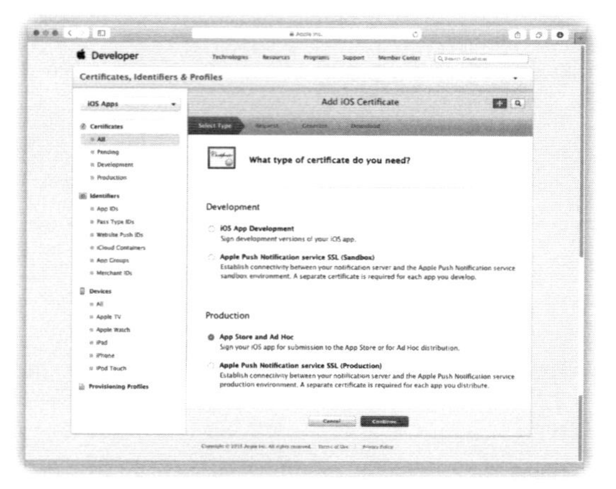

「What type of certificate do you need?」の画面

[3]　「Continue」をクリック。

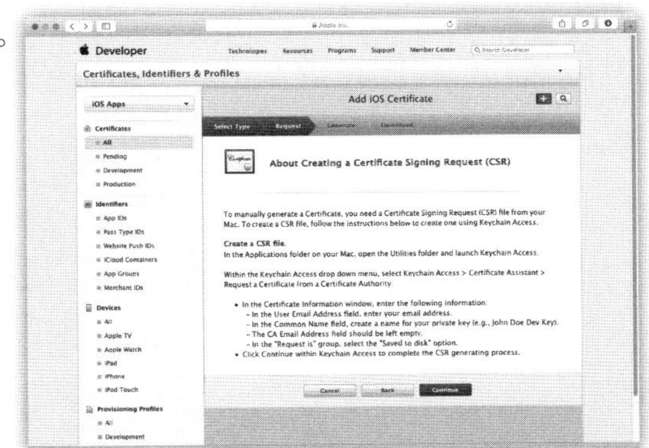

「About Creating a Certificate Signing Request (CSR)」の画面

[4]　「Choose File...」をクリックして、「キーチェーンアクセス」で作った「CSR」ファイルを指定。

「Genarete」をクリック。

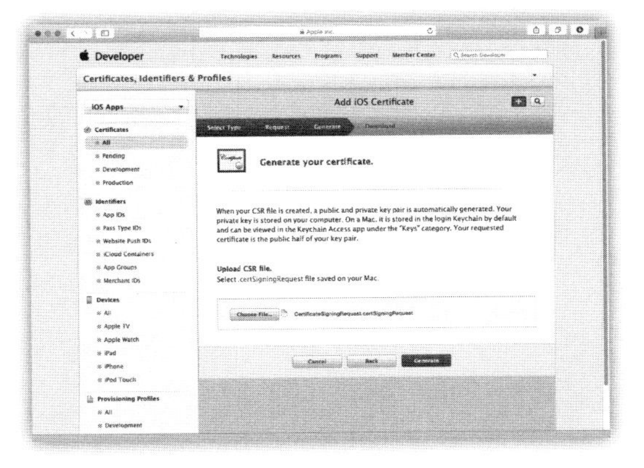

「Generate your certificate.」の画面

[5]　「Download」をクリックして、ファイルをダウンロード。

「Done」をクリックすると、一覧に戻ります。

ファイルをダウンロードし、ダブルクリックして、「キーチェーンアクセス」に登録します。

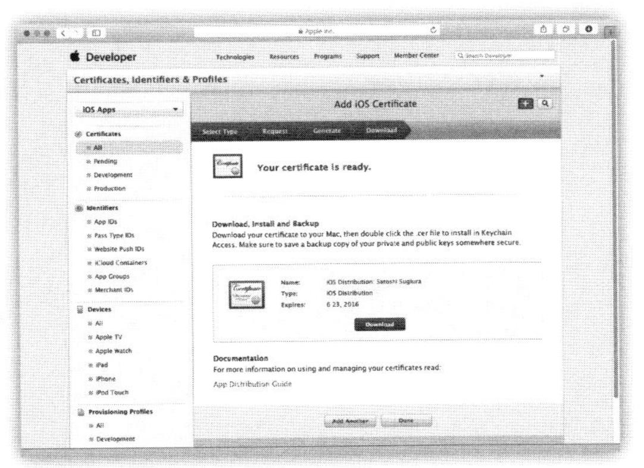

「Your certificate is ready.」の画面

[6] 「Identifiers」の「App IDs」を選択後、「+」をクリック。
「Name」「Bundle ID」「Push Notifications」を入力。
「Continue」をクリック。

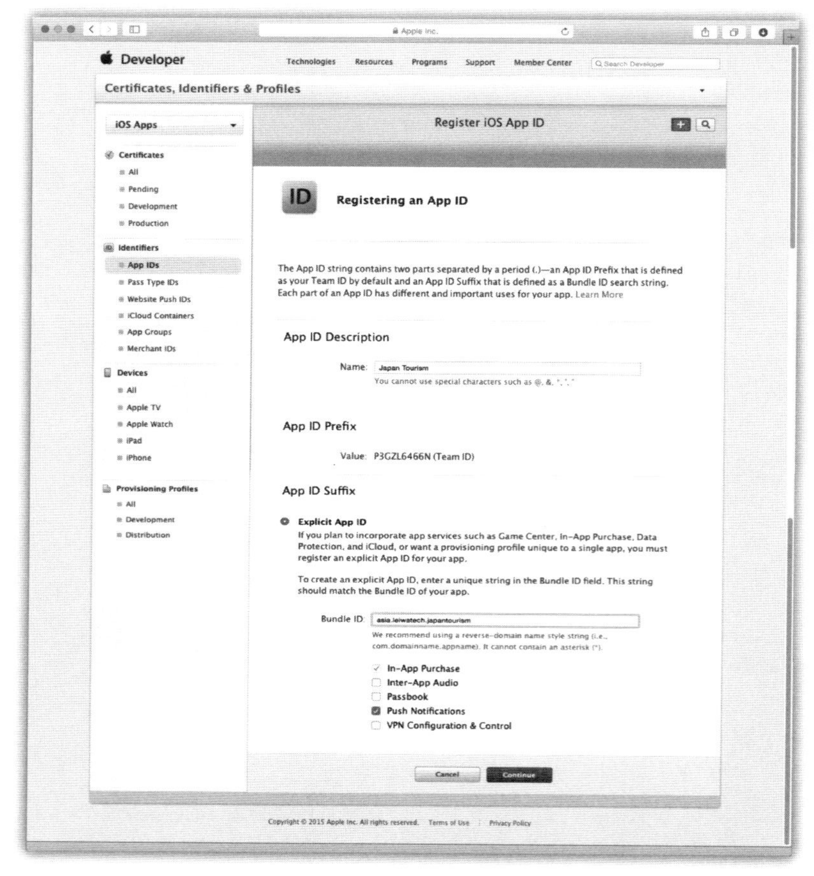

「Registering an App ID」の画面

[7]　「Continue」をクリック。

「Confirm Your App ID.」の画面

[8]　「Done」をクリックすると、一覧に戻ります。

「Registration complete.」の画面

[9] 「Certificate」の「All」を選択後、「+」をクリック。
「Apple Push Notification service SSL (Production)」を選択。
「Continue」をクリック。

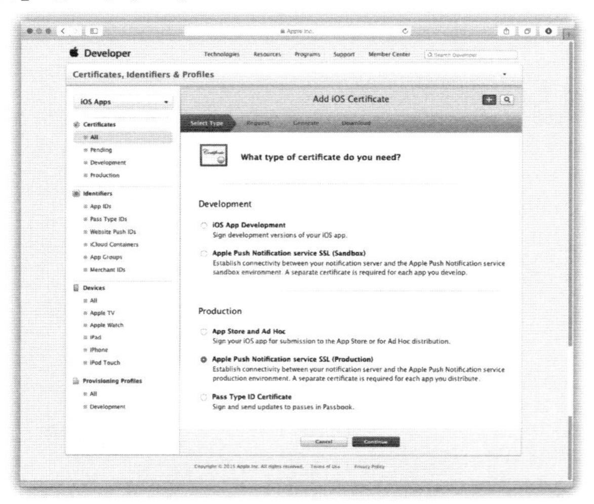

「What type of certificate do you need?」の画面

[10] 「App ID」を選択。
「Continue」をクリック。

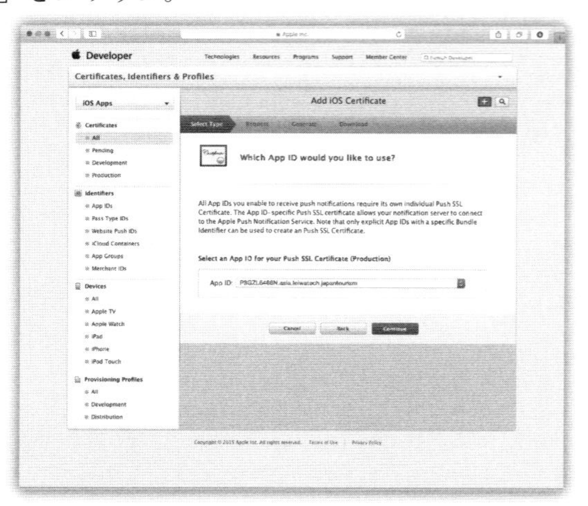

「Which App ID would you like to use?」の画面

[11] 「Continue」をクリック。

「About Creating a Certificate Signing Request (CSR)」の画面

[12] 「Choose File...」をクリックして、「キーチェーンアクセス」で作った「CSR」ファイルを指定。

「Genarete」をクリック。

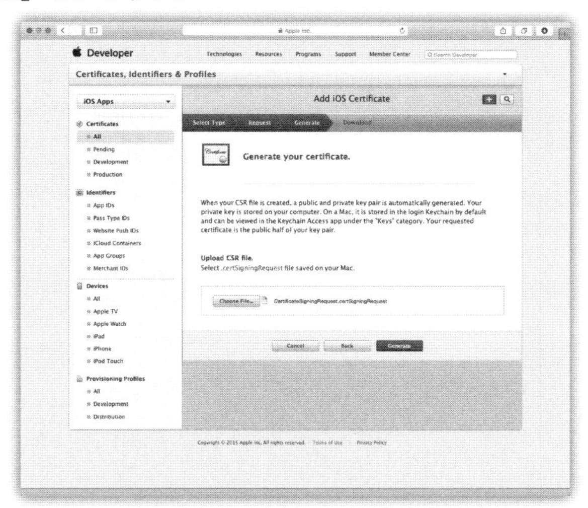

「Generate your certificate.」の画面

[13] 「Provisioning Profiles」の「All」を選択後、「+」をクリック。
「App Store」を選択。
「Continue」をクリック。

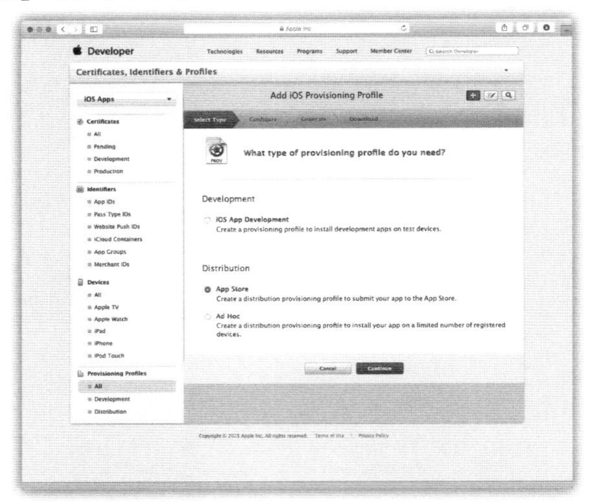

「What type of provisioning Profile do you need?」の画面

[14] 「App ID」を選択。
「Continue」をクリック。

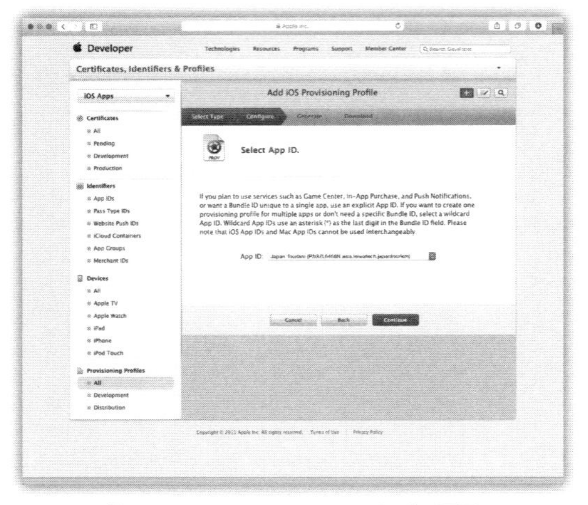

「Add iOS Provisionig Profile」の画面

[15] 「Certificates」を選択。
「Continue」をクリック。

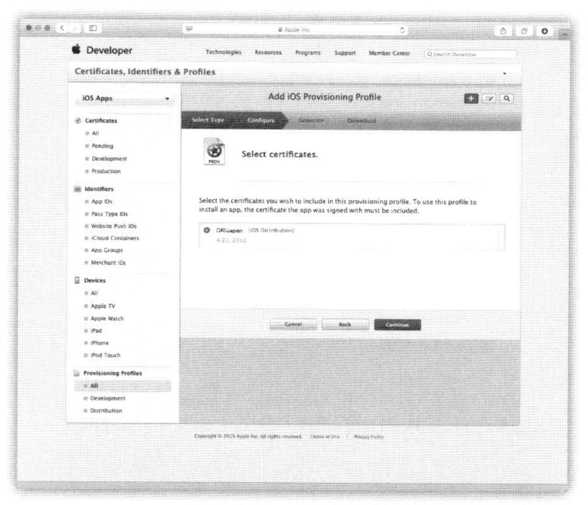

「Select certificates.」の画面

[16] 「Download」をクリックして、ファイルをダウンロード。

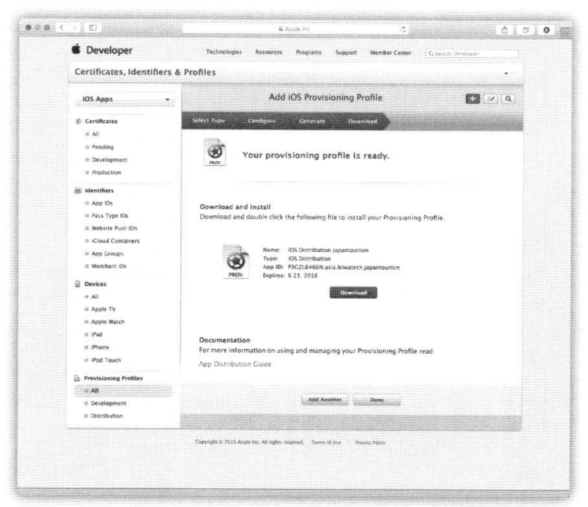

「Your provisioning profiles is ready.」の画面

「Done」をクリックすると、一覧に戻ります。

ダウンロードしたファイルをダブルクリックして、Xcodeに登録します。

■ iTunes Connect

「メンバーセンター」から「iTunes Connect」をクリックすると、「iTunes Connect」画面が表示されます。

「iTunes Connect」画面

[1] 「マイApp」をクリック。

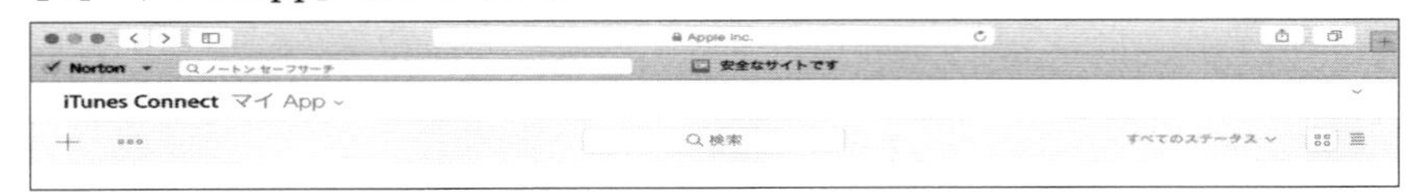

「マイApp」の画面

[2] 「＋」をクリック。

新規 iOS App
名前 ?
Japan Tourism
バージョン ?
1.0
プライマリ言語 ?
Japanese
SKU ?
JT001
バンドル ID ?
Japan Tourism - asia.leiwatech.japantouris
新しいバンドル ID を Developer Portal で登録します。
キャンセル
作成

新規iOS Appダイアログ

[3]　各項目を入力。

「作成」をクリックすると、「マイ App」に表示されます。

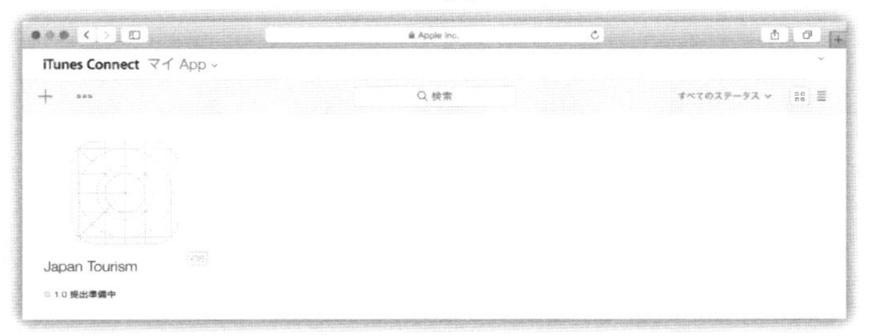

アプリを登録した「マイ App」の画面

[4]　対象アプリを選択。

「マイ App」の「バージョン情報」画面

[5] 各項目を入力。

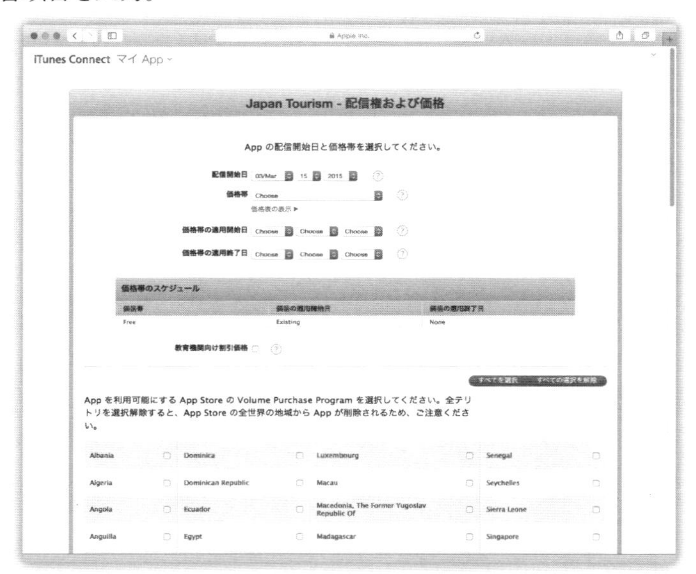

「マイApp」の「配信権および価格」画面

必要な設定をします。

■「リリース用アプリ」の作成

【手順】

[1] 「Xcode」の「Product」メニューを開きます。

「Xcode」の「Product」メニュー

[2]　「Archives」を選択。

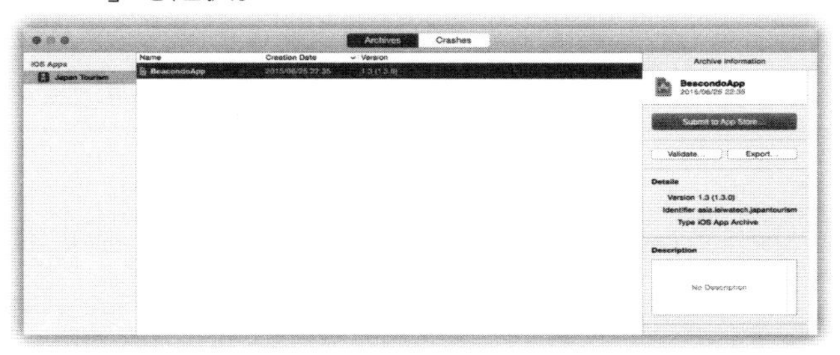

「Archives」画面

[3]　「Submit to Store...」をクリック。

[4]　使う「Apple Developer アカウント」を選択します。

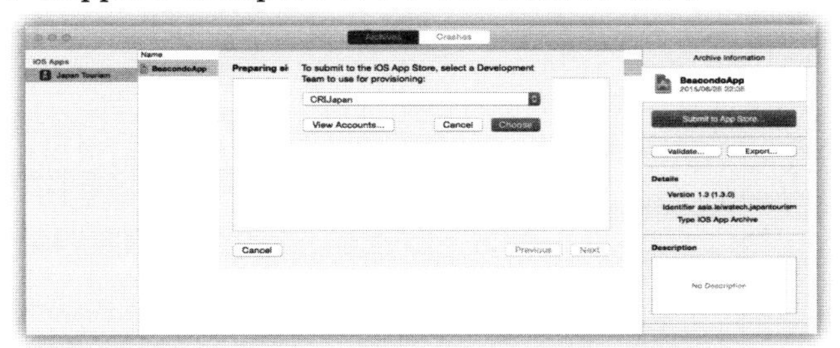

「Apple Developer アカウント」の選択画面

「Choose」をクリック。

[5]　「Submit」をクリックすると、「アプリ」が「Apple」に送信されます。

「アプリの送信」決定画面

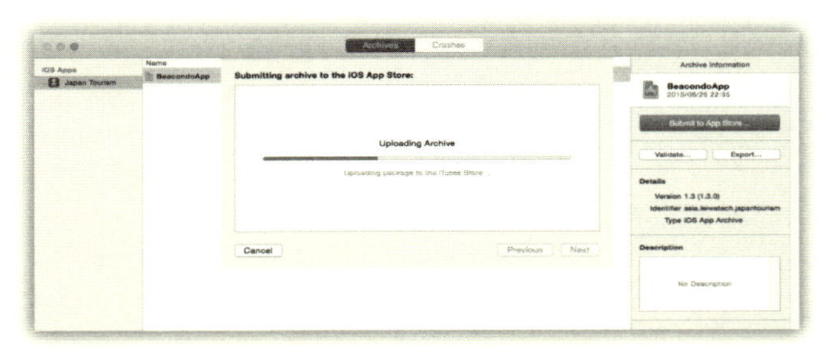

送信中...

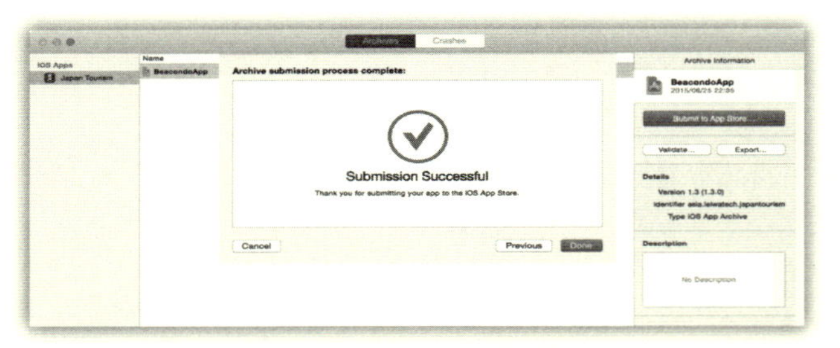

Submission Successful

「Done」をクリックすると、ダイアログが閉じます。

■ Appleの審査に提出

「iTunes Connect」→「マイ App」→「バージョン情報」画面の右上にある、「審査へ提出」をクリックして、審査に提出します。

3-3 「Android」の「ネイティブ・アプリ」を設定

■ 開発環境準備

● JDK (Java Development Kit)

[1] 下記URLを「Webブラウザ」で開きます。

http://www.oracle.com/technetwork/java/javase/downloads/index.html

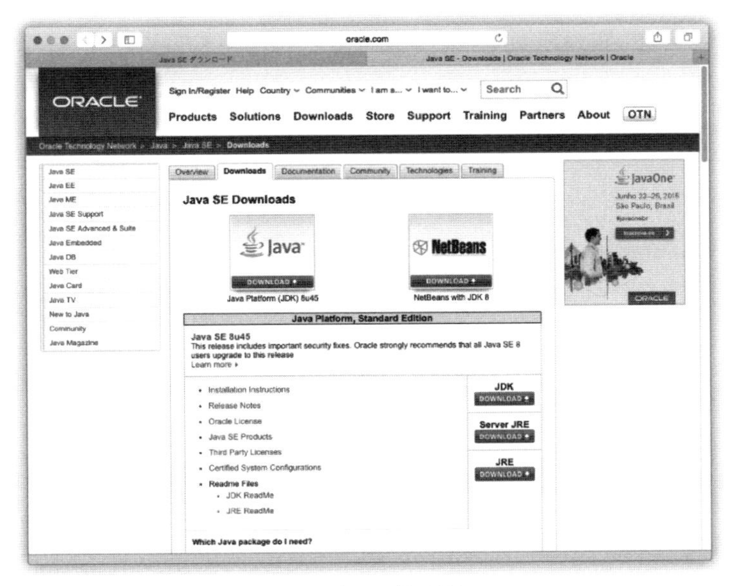

「Webブラウザ」で開く

「JDK」の下の「DOWNROAD」をクリックすると、「JDK」の「ダウンロード画面」が表示されます。

[2] 「Accept Licence Agreement」を選択後、「Mac OS X x 64」と表示されている右の「jdk-8u45-macosx-x64.dmg」をクリックすると、「ファイル」がダウンロードされます。

＊

ダウンロード終了後、「jdk-8u45-macosx-x64.dmg」ファイルをダブルクリックして、「ディスク・イメージ」をマウントすると、「JDKインストールパッケージ」が表示されます。

「jdk-8u45-macosx-x64.dmg」をダウンロード

[3] 「アイコン」(JDK 8 Update 45.pkg) をダブルクリックすると、インストーラが起動されます。

JDKインストール用パッケージ

[4] 「続ける」をクリックします。

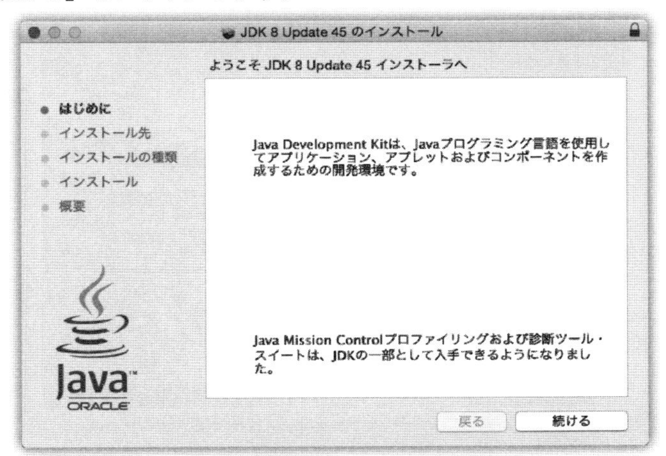

「ようこそJDK8 Update 45 インストーラへ」画面

[5] 「インストール」をクリックすると、インストールが開始されます。

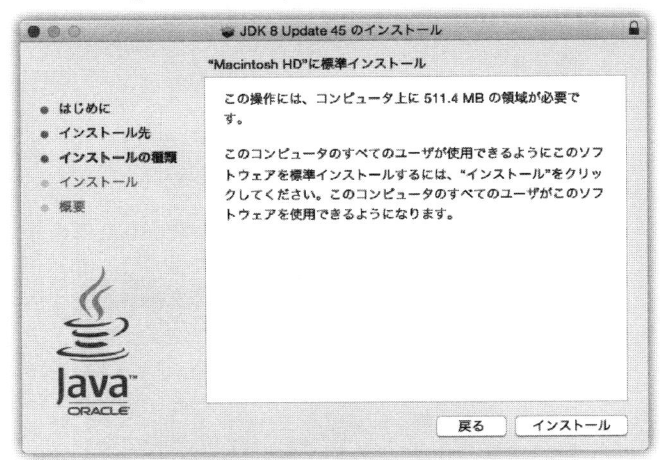

「"Macintosh HD" に標準インストール」画面

[6] 「JDK」のインストールが終了したので、「閉じる」をクリックして、インストーラを終了します。

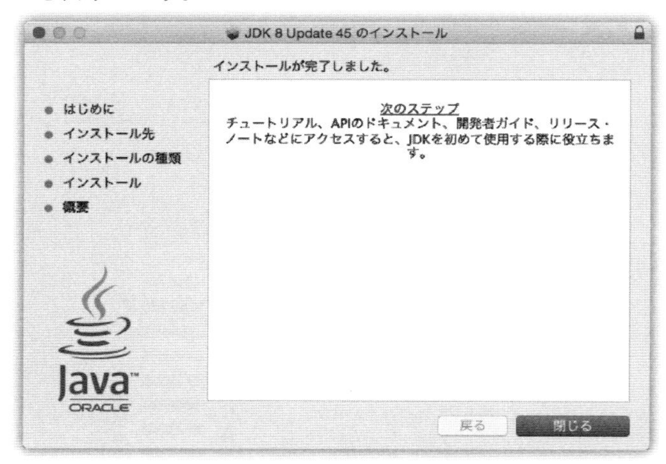

「閉じる」をクリック

● 開発環境作成「Android Studio」

[1] 下記URLを「Webブラウザ」で開きます。

https://developer.android.com/sdk/index.html

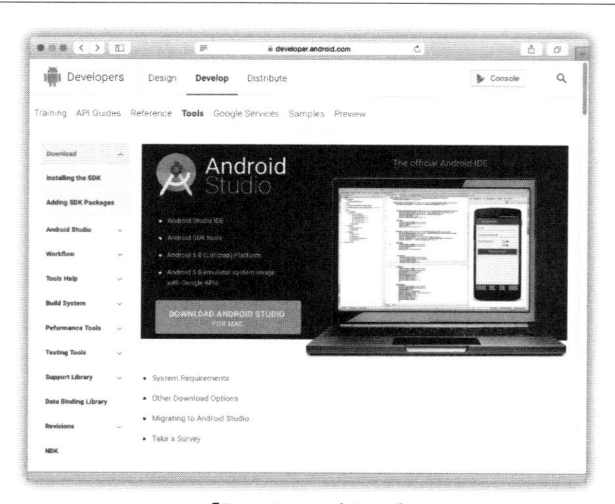

「Developers」ページ

[2] 「DOWNLOAD ANDROID STUDIO」をクリックすると、「Android Studio」ダウンロード画面が表示されます。

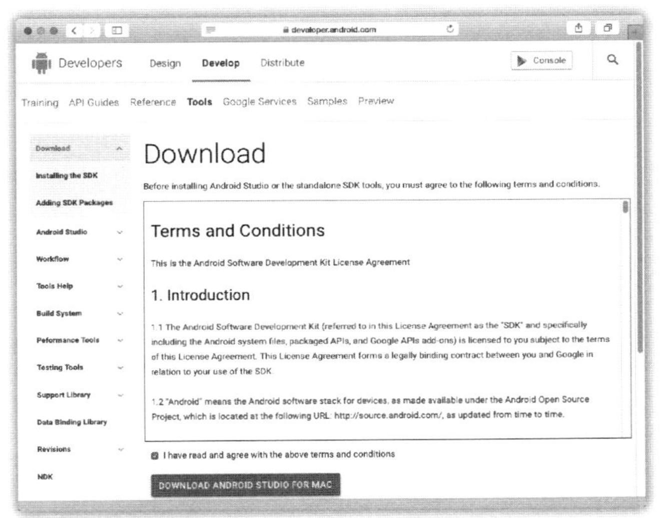

「Download Android Studio for Mac」ページ

「I have read and agree with the above terms and conditions」のチェックボックスを選択し、「Download Android Studio for Mac」をクリックすると、ダウンロードが開始されます。

[3] ダウンロード終了後、「android-studio-ide-141.1980579-mac.dmg」ファイルをダブルクリックして、「ディスク・イメージ」をマウントすると、「インストーラ」が表示されます。

「Android Studio」を「Applications」にドロップして、インストールします。

「Android Studio」を「Applications」にドロップ

[4] 「Finder」を開き、「アプリケーション・フォルダ」にある「Android Studio」を起動すると、以前のバージョンの「Android Studio」の設定を取り込むためのダイアログが表示されます。

「I do not have a previous version of Android Studio or I do not want to import my Settings」を選択後、「OK」をクリックします。
（旧バージョンの「Android Studio」の設定は取り込みません）

「Android Stuid の旧バージョンの設定取り込み」画面

[5] 「Next」をクリックします。

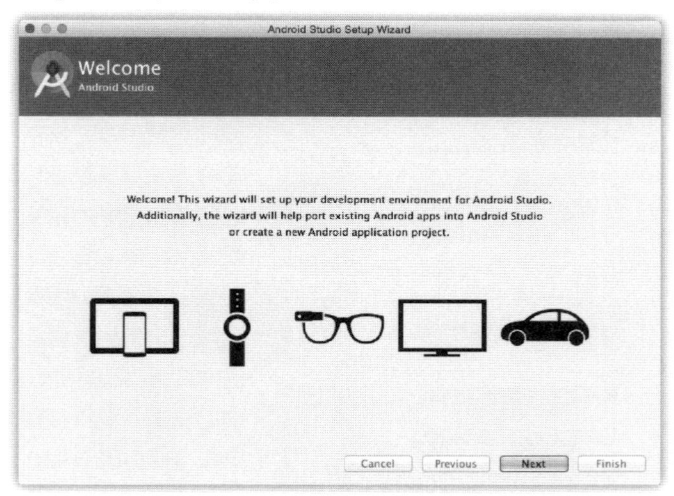

「Welcome」画面

[6] 「JDK」の「インストール先」を設定する画面です。
「JDK location」は、入力された状態で表示されます。
「Next」をクリック。

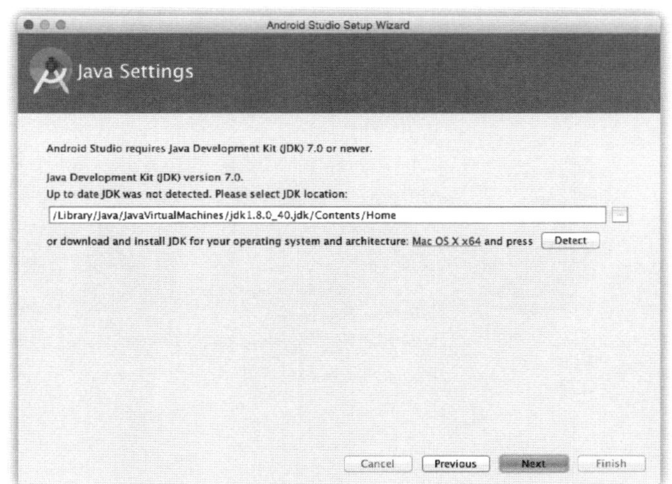

「JDK」のインストール先を設定する画面

[7] 「Android Studio」の設定方法を選択する画面です。
「Standard」を選択後、「Next」をクリックします。

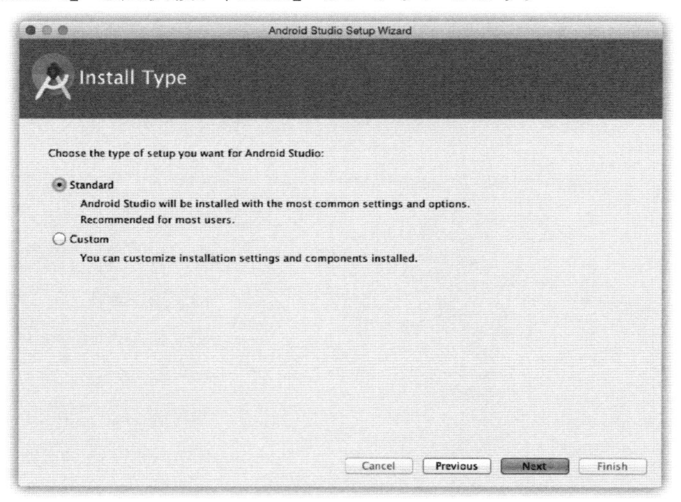

「Android Studio」の設定方法を選択する画面

[8] 「android-sdk-license」の「ライセンス同意画面」です。
「android-sdk-license」を選択後、「Accept」を選択。

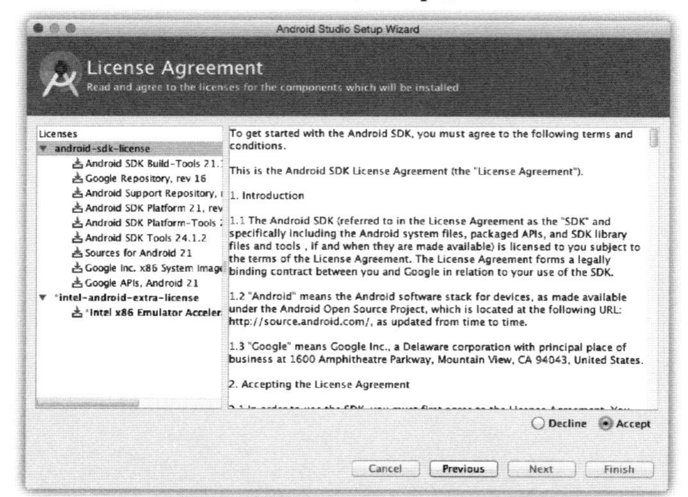

android-sdk-licenseライセンス同意画面

[9]　「intel-android-extra-license」の「ライセンス同意画面」です。
「intel-android-extra-license」を選択後、「Accept」を選択。
「Finish」をクリックすると、必要なファイルのダウンロードが始まります。

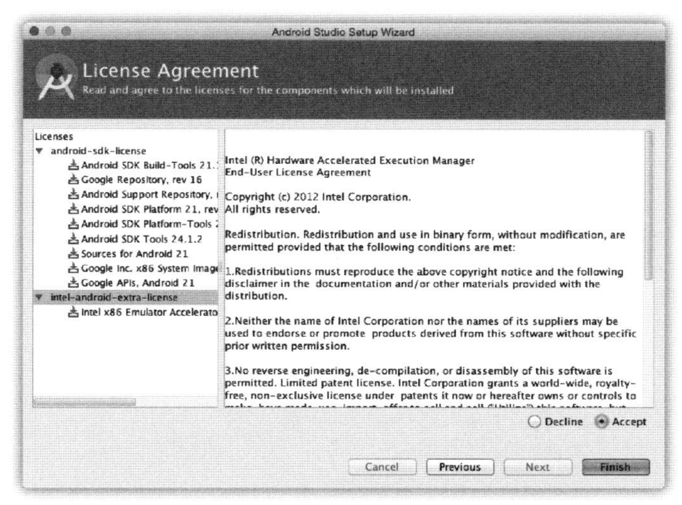

intel-android-extra-licenseライセンス同意画面

[10]　ダウンロード中です。

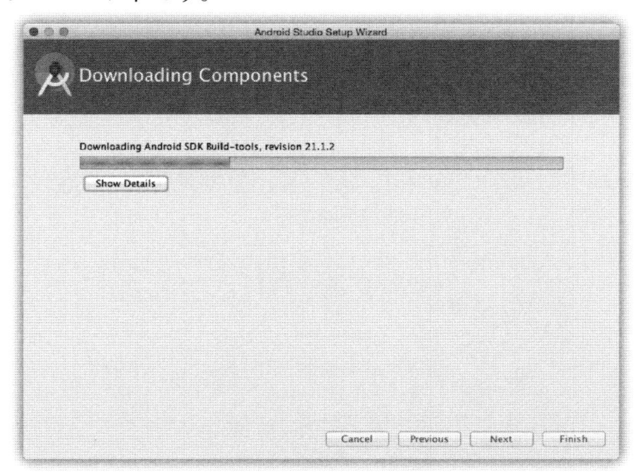

ダウンロードの終了を待つ

[11]　ダウンロードが終了しました。

「Finish」をクリックすると、「Welcome to Android Studio画面」が表示されます。

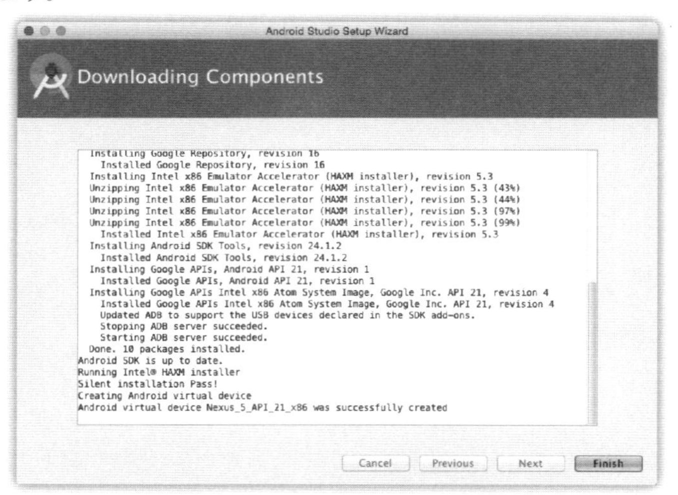

「Finish」をクリック

● Beacondo SDK

下記URLから「Beacondo SDK」をダウンロードし、任意の場所に移動します。

http://beacondo.com/download/

■「Android」の「ネイティブ・アプリ」作成

「コンテンツ」を所定の「フォルダ」にコピーします。

「コンテンツ」は「Xcode」用に「Build」した「Contentフォルダ」内にあるファイルを使います。

以下のフォルダ内にある既存のファイルを削除し、「Xcode」用に「Build」した「Content」フォルダ内にあるファイルを、すべてコピーします。

任意の場所：BeacondoApp：app：src：nain：assets

●「Android Studio」で「SDK」の設定

[1] 「Open an existing Android Studio project」をクリックすると、「プロジェクト選択」のダイアログが表示されます。

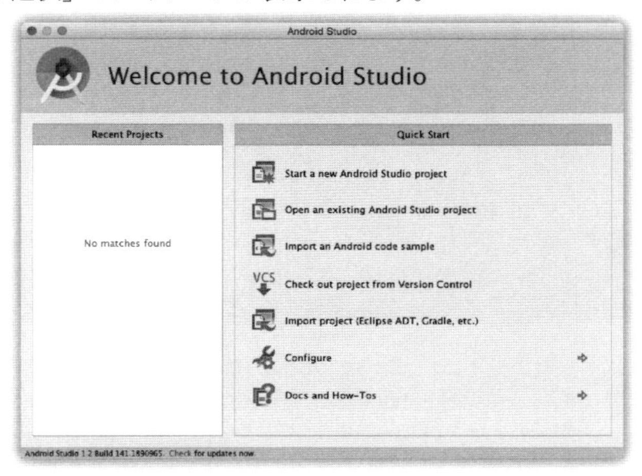

「Open an existing Android Studio project」をクリック

[2] 「任意の場所 : BeacondoApp」フォルダを選択し、「Choose」をクリックします。

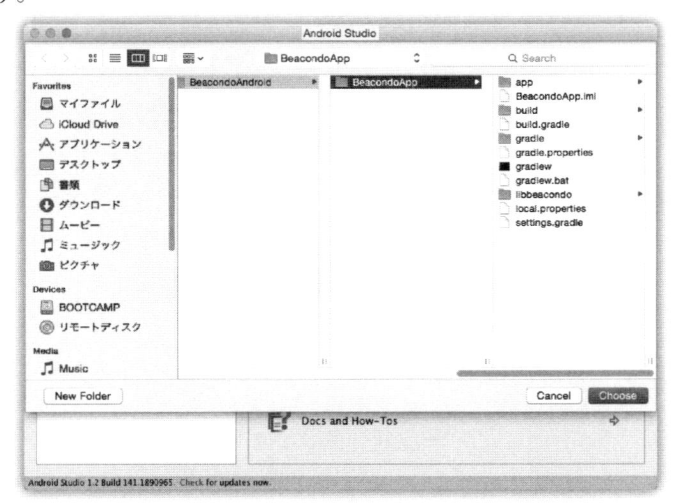

フォルダを選択して、「Choose」をクリック

[3] 左端の「1:Project」をクリックし、「AndroidManifest.xml」をクリックします。

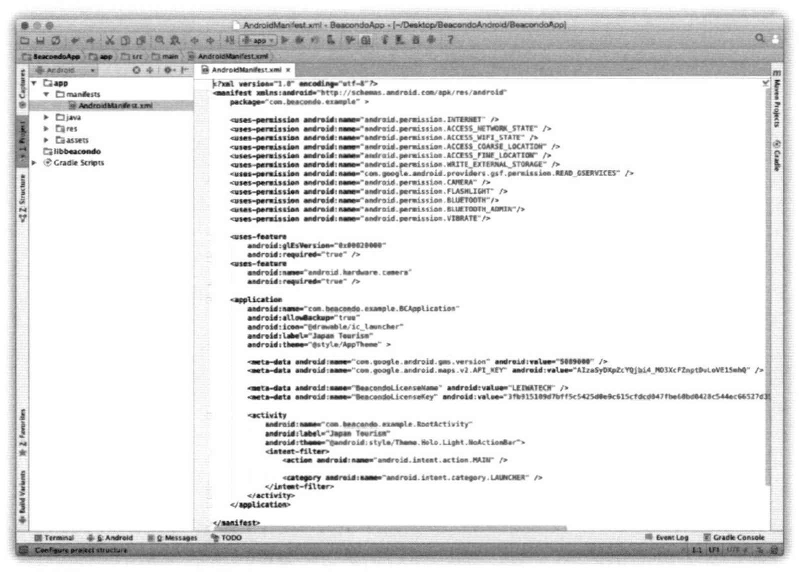

「AndroidManifest.xml」設定

[4] それぞれの値を設定します。

・android:label を設定（2ヶ所）
・android:name="BeacondoLicenseName" の value を設定
・android:name="BeacondoLicenseKey" の value を設定
・android:name="com.google.android.maps.v2.API_Key" の value を設定（value の作成は後述します）。

---

[5]　「string.xml」をクリックします。
「app_name」を設定します。

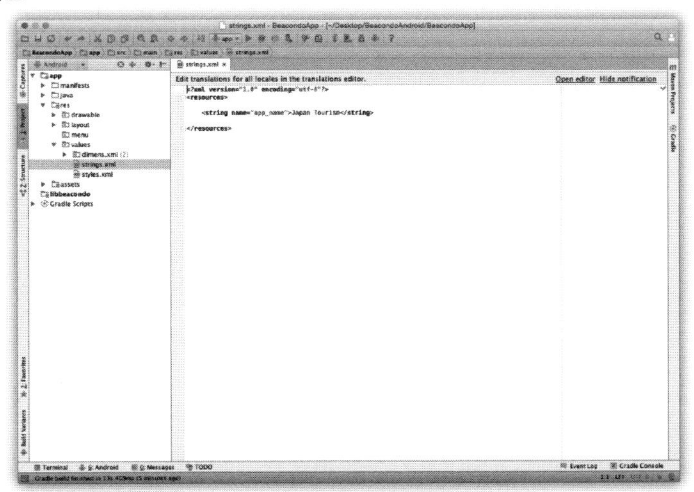

「string.xml」設定

[6]　左側の「build.gradle（Module: app)」をダブルクリックします。

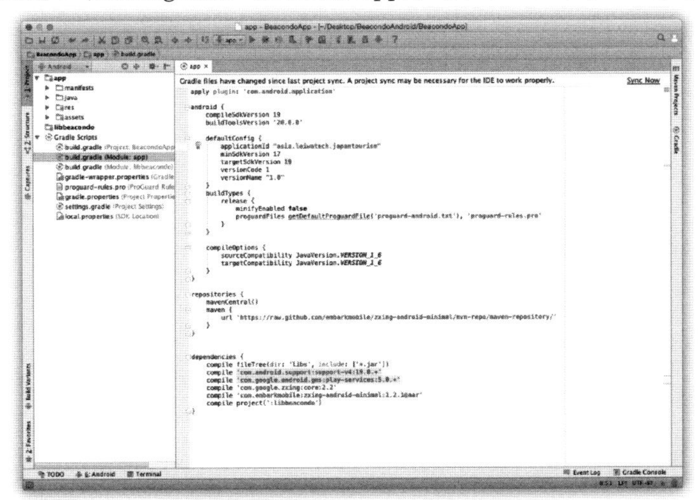

「build.gradle（Module: app)」設定

「defaultConfig」の「applicationID」を設定します。

「applicationID」を変更すると、右上に「Sync Now」と表示されます。

「buildTypes」の「release」に「runProguard」の記述があれば、「minifyEnabled」に置き換えます。

右上の「Sync Now」をクリックします。

[7] 各サイズのアイコンを作って、「SDK」の以下のフォルダ内にある既存アイコンファイルを置き換えます。

任意の場所 : BeacondoApp : app : src : main : res :

・drawable-hdpii ……………… 72×72ピクセル
・drawable-mdpi ……………… 48×48ピクセル
・drawable-xhdpi……………… 96×96ピクセル
・drawable-xxhdpi ………… 144×144ピクセル

●「Android Studio」で「リリース用」に「Build」

[1] Buildメニューから「Generate Signed APK...」を選択します。

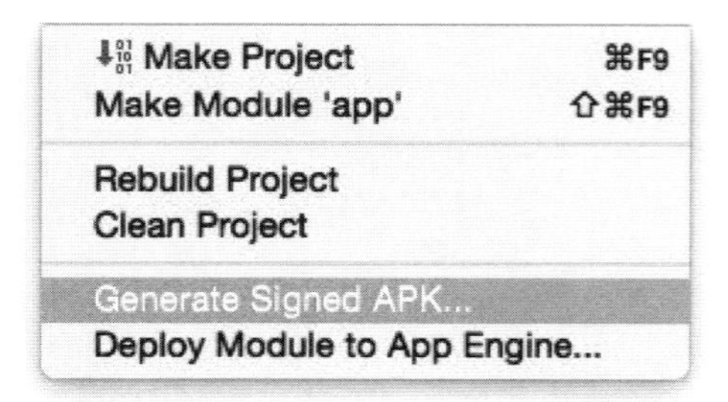

「Generate Signed APK...」を選択

[2] 「Generate Signed APK」のダイアログが表示されます。

「Generate Signed APK」ダイアログ

[3] 「Next」をクリックすると、次のダイアログが表示されます。
「Create New...」をクリックして、新しい「Key」を作ります。

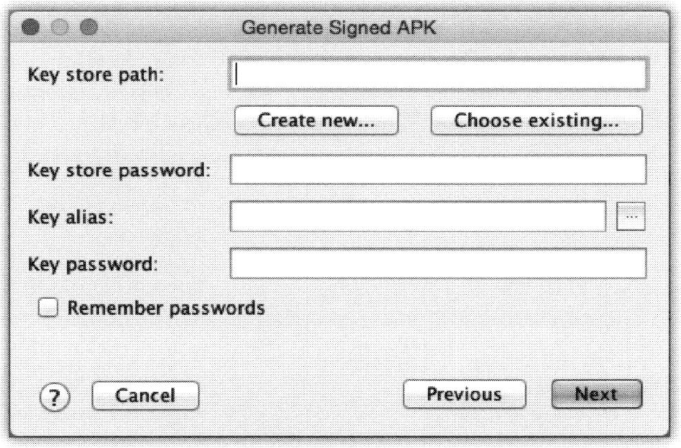

「Key設定」画面

[4] 「ファイル名」を入力します。
右端の「...」をクリックするとファイル選択ダイアログが表示されます。
各項目を入力します。
「OK」をクリックすると、次のダイアログが表示されます。

各項目は入力されています。

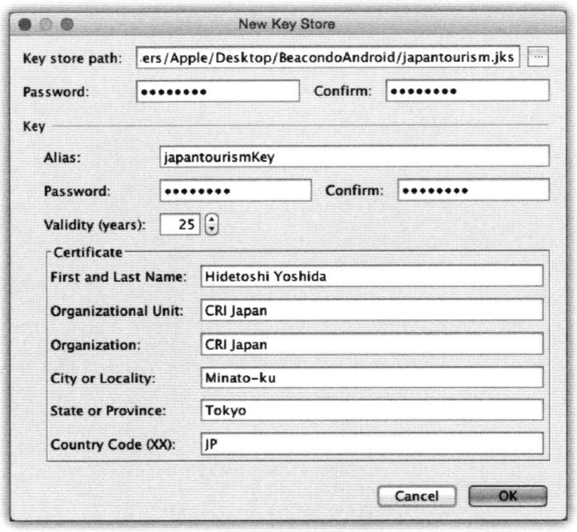

New Key Store

Key store path: .ers/Apple/Desktop/BeacondoAndroid/japantourism.jks
Password: •••••••• Confirm: ••••••••
Key
Alias: japantourismKey
Password: •••••••• Confirm: ••••••••
Validity (years): 25
Certificate
First and Last Name: Hidetoshi Yoshida
Organizational Unit: CRI Japan
Organization: CRI Japan
City or Locality: Minato-ku
State or Province: Tokyo
Country Code (XX): JP
Cancel OK

「新しいKey作成」画面

[5] 「Next」をクリックすると、次のダイアログが表示されます。

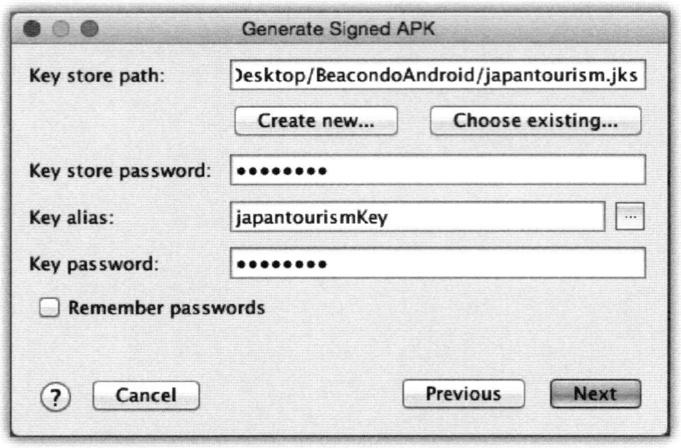

Generate Signed APK

Key store path: Desktop/BeacondoAndroid/japantourism.jks
Create new... Choose existing...
Key store password: ••••••••
Key alias: japantourismKey
Key password: ••••••••
Remember passwords
Cancel Previous Next

「Next」をクリック

[6] 「Finish」をクリックすると、「リリース」用の「Build」が始まり、終了すると、次のダイアログが表示されます。

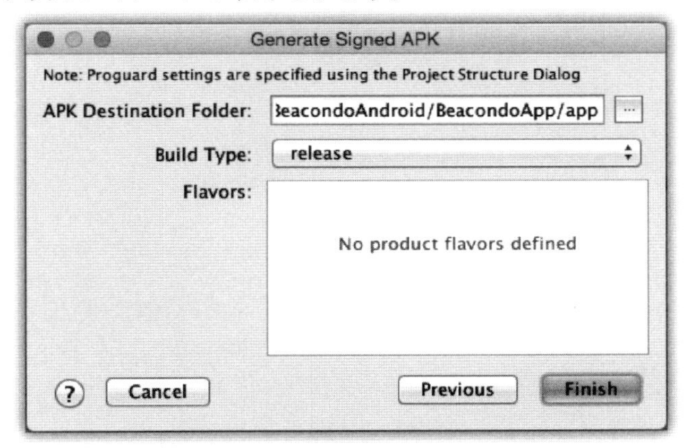

「Finish」をクリック

[7] 「Close」をクリックすると、ダイアログを閉じます。

「Reveal in Finder」をクリックすると、「リリース用APK」のある「フォルダ」が表示されます。

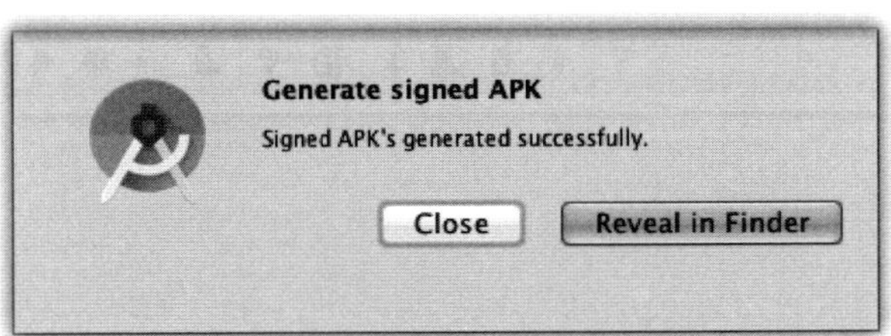

「Close」をクリック

「app-release.apk」を「Google Play」に登録します。

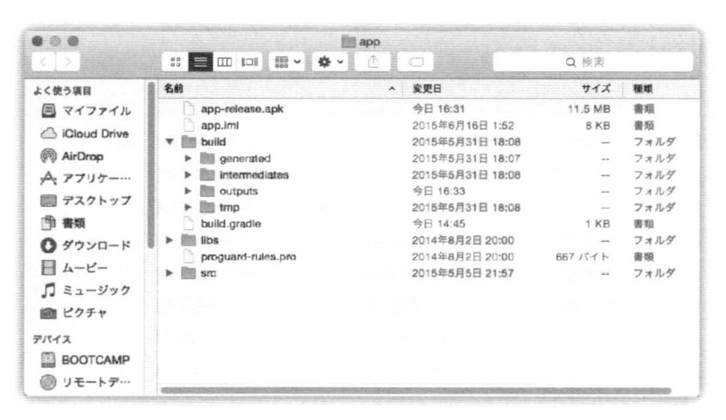

「リリース用APK」の「app-release.apk」

■「API_KEY」作成

「console.developers.google.com」で「google maps」の「API_KEY」を作ります。

[1] 以下のサイトにアクセスします。

```
https://console.developers.google.com/
```

[2] 「プロジェクト作成」をクリックします。

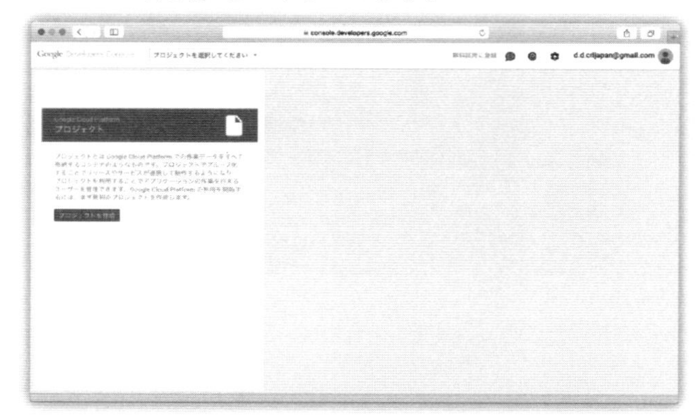

「プロジェクト作成」をクリック

[3] 「プロジェクト名」を入力し、「作成」をクリックします。
「プロジェクトID」は自動で設定されます。

「すべてのサービスと関連APIについて...」のチェックボックスをクリックします。
「作成」をクリックします。

「新しいプロジェクト」画面

[4] 左側の「APIと認証」をクリック後、「API」をクリックします。

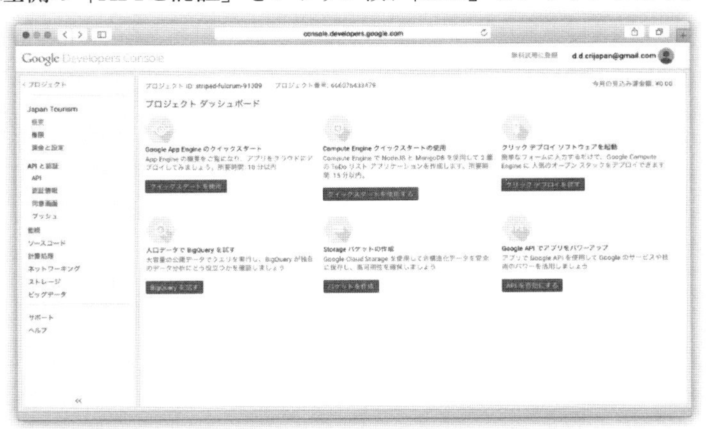

「プロジェクト・ダッシュボード」画面

[5] 「APIを有効にする」をクリックします。

「APIを有効」にするをクリック

[6] 左側メニューの「認証情報」をクリックし、「新しいキーを作成」をクリックします。

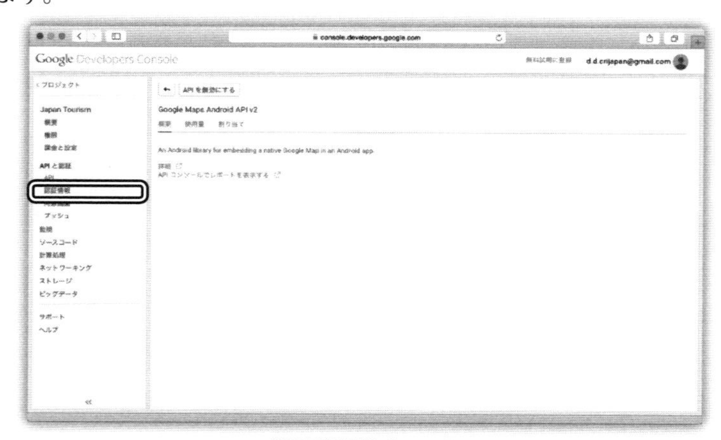

「認証情報」をクリック

[7] 「Androidキー」をクリックします。

「新しいキーを作成」をクリックし、「Androidキー」をクリック

[8] 「SHA1」の「証明書フィンガープリント」と「パッケージ名」を入力して、「作成」をクリックします。

■「SHA1証明書」の「フィンガープリント」の取得方法

「Terminal」を開き、以下のコマンドを入力して、実行します。

デバックアプリ用

```
keytool -list -v -keystore /Users/Apple/.android/debug.keystore -store
pass android -keypass android
```

リリースアプリ用

```
keytool -list -v -keystore /任意のパス/japantourism.jks -storepass パ
スワード -keypass パスワード
```

※「japantourism.jks」ファイルは、「Android Studio」で「リリース用apk」を作るときに作ったファイルです。

「コマンド」を実行すると、「証明書のフィンガプリント」が表示されるので、「SHA1の内容」を登録します。

【表示例】

```
証明書のフィンガプリント:
SHA1: 89:75:68:84:4B:29:0F:8D:59:B2:CA:38:E7:BB:58:DC:80:0C:
EB:C2
```

「デバックアプリ用」と「リリースアプリ用」は、2行にして登録してください。

3-4 「Google Playストア」への登録

■「Googleデベロッパー・アカウント」の作成

[1] 以下のURLにアクセスします。

```
https://play.google.com/apps/publish/
```

「Googleアカウント」を使ってログインします。

[2] 「Google Play デベロッパー販売/配布契約書に同意し...」のチェックボックスを「ON」にして「支払いに進む」をクリックします。

デベロッパー契約に同意

「$25(US)」を「クレジットカード」で支払います。

支払い終了後、「アカウントの詳細」画面に進むので、指示に従って入力してください。

■ アプリの公開

[1] 以下のURLにアクセスします。

https://play.google.com/apps/publish/

「Google Play Developer Console」のページ

[2] 「＋新しいアプリを追加」をクリックします。

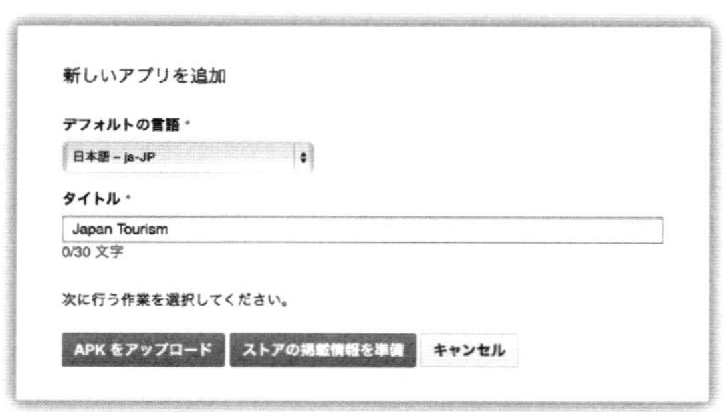

「新しいアプリを追加」ダイアログ

各項目を入力し、「APKをアップロード」をクリック。

[3] 「APK」のページが表示されます。

「製品版に最初のAPKをアップロード」をクリック

[4] 「製品版に最初のAPKをアップロード」をクリックすると、「APKアップロード」ダイアログが表示されます。

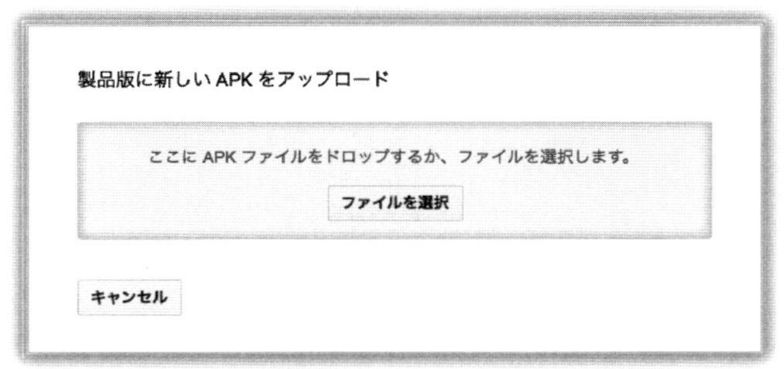

「APKアップロード」ダイアログ

[5] 「リリース用」の「APKファイル」(app-release.apk) を「ダイアログ」内にドロップすると、「アップロード」が開始されます。

「アップロード」が開始される

■ ストアの掲載情報

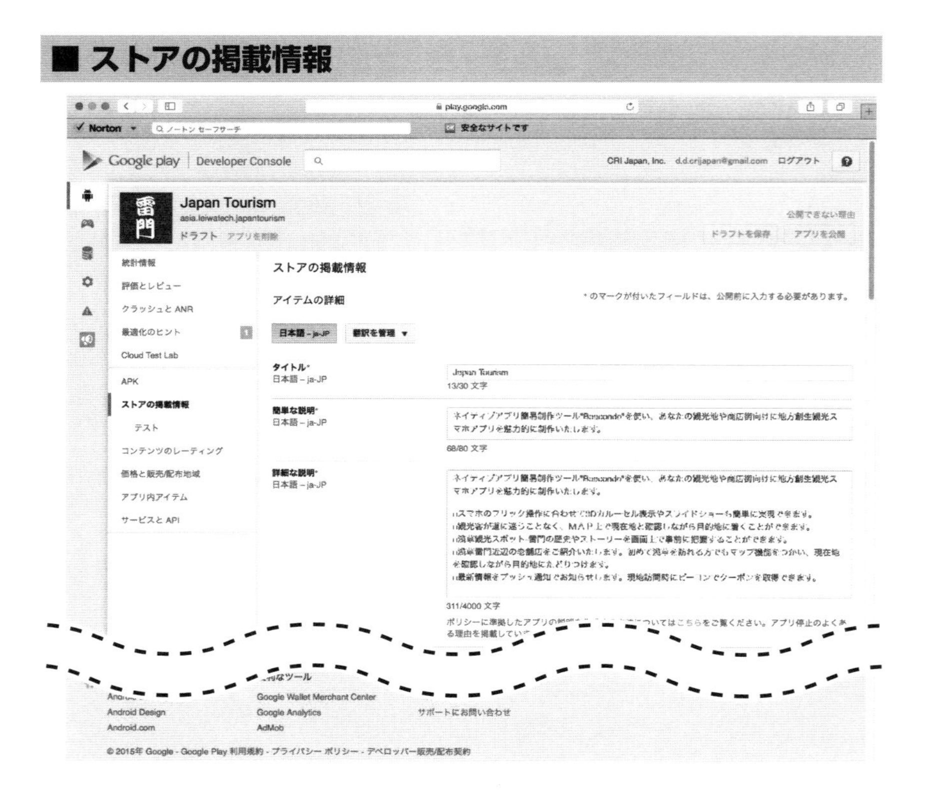

■ コンテンツのレーティング

「アンケート」に答えます。

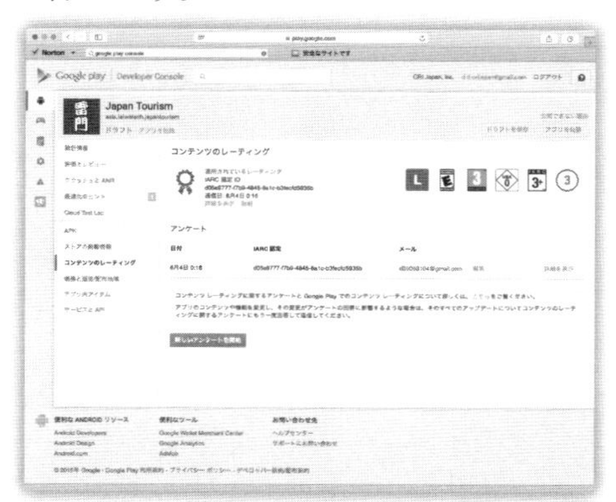

コンテンツのレーティングを設定

■「価格」と「販売/配布地域」

「価格」と「販売/配布地域」について設定します。

設定が足りない部分は、「公開できない理由」をクリックして内容を確認します。

「価格」と「販売/配布地域」を設定

■ アプリ公開

すべて設定が終わったら、「アプリを公開」をクリックして「Google Play」に公開します。

第4章

「iBeaconアプリ」と「クラウド」の連携

「SNS」「クーポン」「スタンプラリー」など、クラウドと連携することで、「iBeacon対応」の「スマホ・アプリ」を、より魅力的に演出できます。

4-1 「Beacondo Manager」(CMS)機能

「Beacondo」では、「Premium」エディションと「Enterpris」エディションの方向けに、「ビーコン統計」「ユーザー分析」「プッシュ通知」を、「クラウド環境」から管理できる、「CMS」(Contents Managementg System) 機能を利用することができます。

■「Beacondo Manager」の初期設定

● ログイン

「Beacondoバージョン2.0」から、新たに「ビーコン統計」「プッシュ通知」「アプリ内ページ閲覧」などを確認できる「コンテンツ管理システム(CMS) 機能」を利用できます。

下記URLから登録したEメールアドレスでログインし、「Xcode」や「Android Studio」で「ネイティブ・アプリ」の申請をした後に情報を設定します。

「Beacondo Manager」用URL

https://admin.beacondo.com/

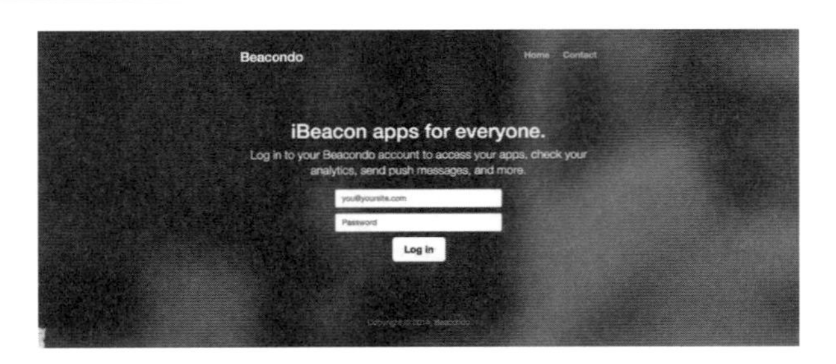

「Beacondo Manager」へのログインページ

初回ログインすると「Appsアプリ・アイコン」の「登録画面」が表示されます。
(次の図は、「アプリ・アイコン」を事前に登録ずみの画面です)。

「Appsアプリ・アイコン」の「登録画面」

● タイムゾーン設定

まず最初にログインしたら、右上の「Settings」メニューをクリックして「タイムゾーン設定」を行なってください。

日本で利用する場合は、「UTC+9」となります。

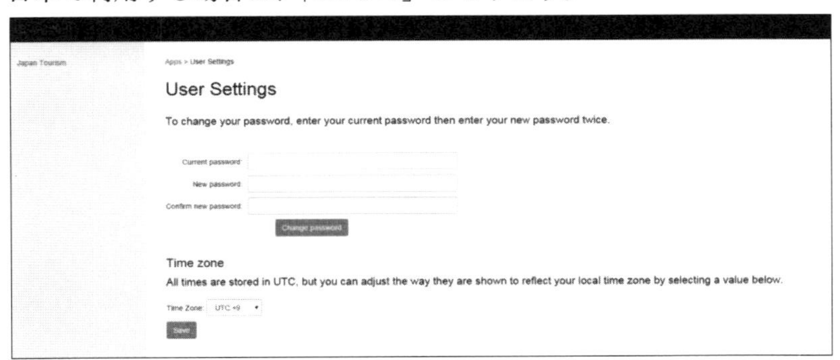

タイムゾーンを設定する

■ 「Beacondo Manager」メニュー

● Overview①

左上の「登録アプリ名」をクリックすると、サイドツリーメニューが表示されます。「Beacondo Manager」のメイン管理機能です。このページですべての統計機能が確認できます。

＊

「管理メニュー」は、下記の7項目のメニューとなります。

1. Overview
2. Settings
3. Beacons
4. Events
5. Pages
6. Users
7. Push

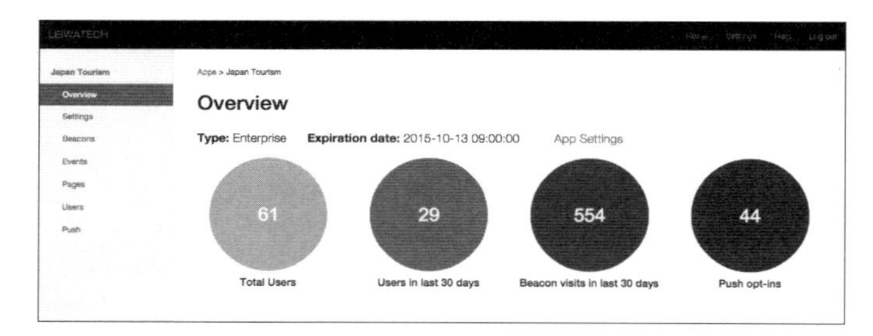

「管理メニュー」画面

ダウンロードしたアプリを使い、「近接したビーコンに反応した総訪問ユーザー数」「最近30日間の訪問ユーザー数」「過去30日でビーコンに反応した数」「プッシュ通知を受ける状態のユーザー数」（オプトイン）を、一覧できます。

● Overview②

同じページで、下の部分へ移動します。
アプリページの人気閲覧数を、ランキング表示します。

Popular pages

Page ID	Views
雷門	128
まさる	72
浅草寺	53
花やしき	53
仲見世	51
浅草今半	46
鰻 駒形 前川	46
雷門おこし	37

人気閲覧数ランキング

最近送信したプッシュ通知のメッセージ内容を、リスト表示します。
「アクション内容」「フィルター」「通知日」「受取数」など。

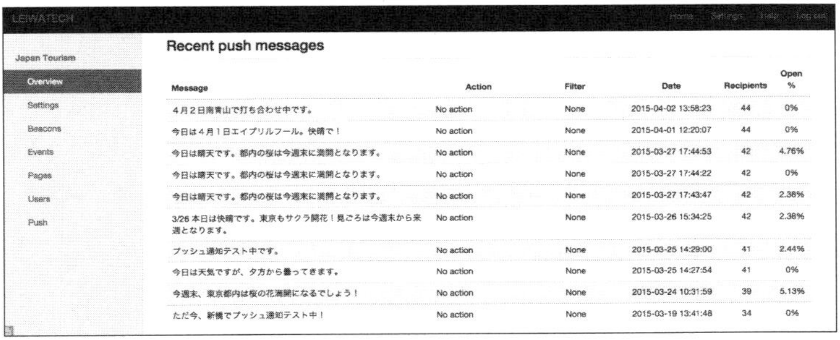

LEIWATECH

Japan Tourism
Overview
Settings
Beacons
Events
Pages
Users
Push

Recent push messages

Message	Action	Filter	Date	Recipients	Open %
４月２日南青山で打ち合わせ中です。	No action	None	2015-04-02 13:58:23	44	0%
今日は４月１日エイプリルフール。快晴で！	No action	None	2015-04-01 12:20:07	44	0%
今日は晴天です。都内の桜は今週末に満開となります。	No action	None	2015-03-27 17:44:53	42	4.76%
今日は晴天です。都内の桜は今週末に満開となります。	No action	None	2015-03-27 17:44:22	42	0%
今日は晴天です。都内の桜は今週末に満開となります。	No action	None	2015-03-27 17:43:47	42	2.38%
3/26 本日は快晴です。東京もサクラ開花！見ごろは今週末から来週となります。	No action	None	2015-03-26 15:34:25	42	2.38%
プッシュ通知テスト中です。	No action	None	2015-03-25 14:29:00	41	2.44%
今日は天気ですが、夕方から曇ってきます。	No action	None	2015-03-25 14:27:54	41	0%
今週末、東京都内は桜の花満開になるでしょう！	No action	None	2015-03-24 10:31:59	39	5.13%
ただ今、新橋でプッシュ通知テスト中！	No action	None	2015-03-19 13:41:48	34	0%

プッシュ通知のメッセージ内容

ダウンロードしたユーザーごとの、「デバイス名」「作成日」「最後にアプリを利用した日」「国名」「言語」、さらに「Details」をクリックすると、「ユーザー端末ごとの動向」を確認できます。

LEIWATECH

Japan Tourism
Overview
Settings
Beacons
Events
Pages
Users
Push

Newest users

Device	Creation Date	Last Open	Country	Language	
iOS (iPhone7,2)	2015-03-31 04:15:25	2015-04-02 15:57:48	JP	ja	Details
iOS (iPhone7,1)	2015-03-27 08:46:17	2015-03-27 17:48:08	JP	ja	Details
iOS (iPhone6,1)	2015-03-26 05:28:48	2015-03-26 14:28:48	JP	ja	Details
iOS (iPhone7,2)	2015-03-25 10:32:45	2015-04-02 14:00:45	JP	ja	Details
iOS (iPhone4,1)	2015-03-25 00:11:34	2015-03-27 17:45:32	JP	ja	Details
iOS (iPhone7,1)	2015-03-24 04:03:41	2015-03-24 16:54:22	JP	ja	Details
iOS (iPad3,1)	2015-03-24 01:43:11	2015-03-24 10:43:11	JP	ja	Details
iOS (iPhone5,2)	2015-03-24 01:26:28	2015-03-24 10:27:46	JP	ja	Details
iOS (iPad4,2)	2015-03-24 01:20:31	2015-04-01 16:51:41	JP	ja	Details
iOS (iPhone5,3)	2015-03-24 01:11:15	2015-04-02 15:46:15	US	ja	Details

ユーザー端末ごとの動向

● Settings①

「Settings」は、「アプリケーション名」「アプリケーションID」「アイコン」「認証ファイル」「プッシュ環境」を「CMS」に登録します。

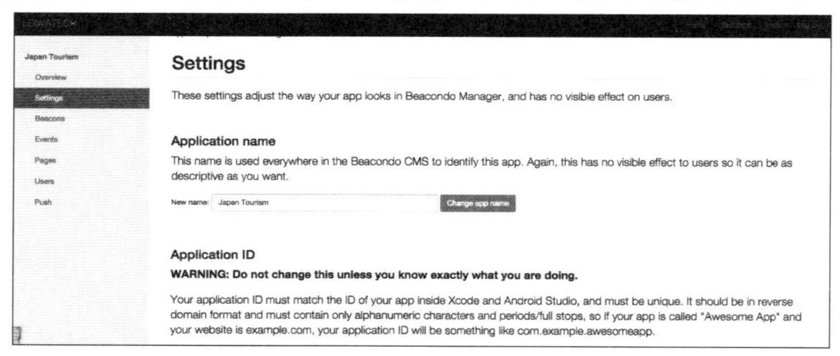

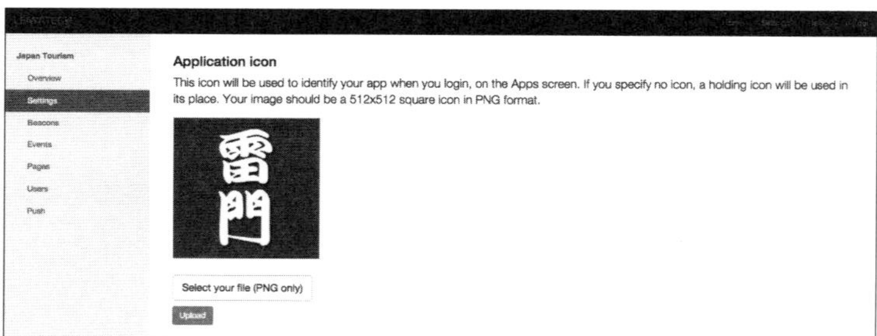

「Settings」ページ

● Settings②

「アプリ登録」するための証明書を、「開発モード」「製品モード」ともに、「CMS」に登録します。

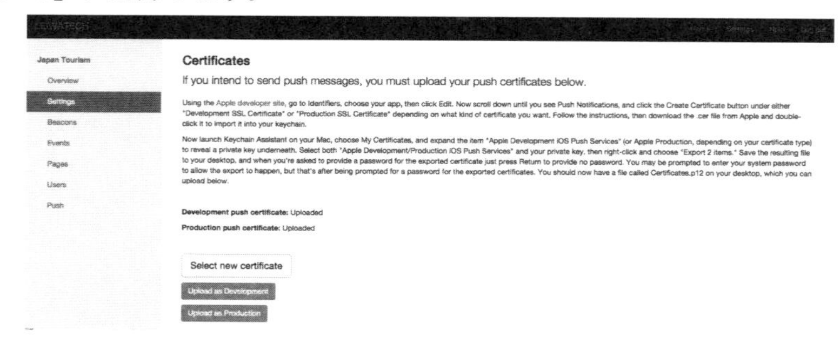

「証明書」を「CMS」に登録

● Beacons

「Beacon」の「バックグラウンド」と「フォアグランド」の「イベント統計数」を表示します。

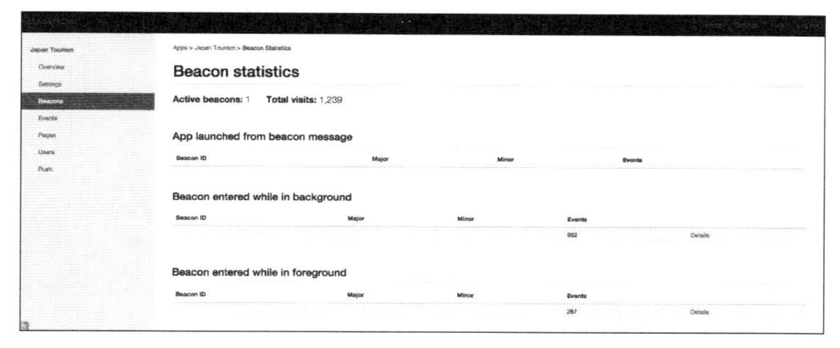

「Beacons」ページ

● Events

アプリでイベントごとにランキング表示します。

「イベント」は、「スマホの動作」「ウェブを開く」「音声」「バーコードスキャン」「メニューを見る」「セクションを見る」「テーブルを見る」などの統計情報を確認できます。

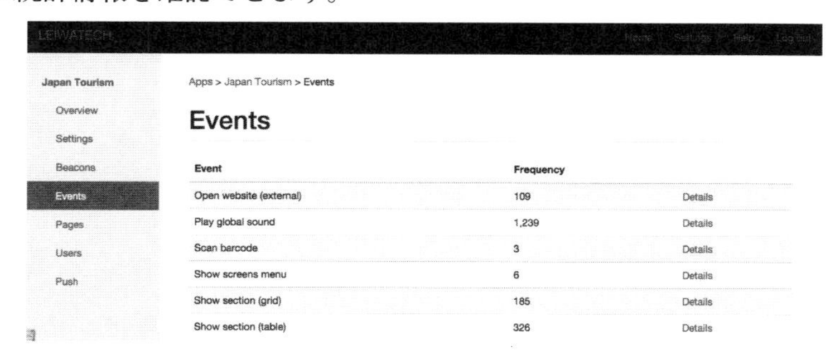

「Events」ページ

● Pages

アプリページ内のページごとに閲覧数をランキング表示します。

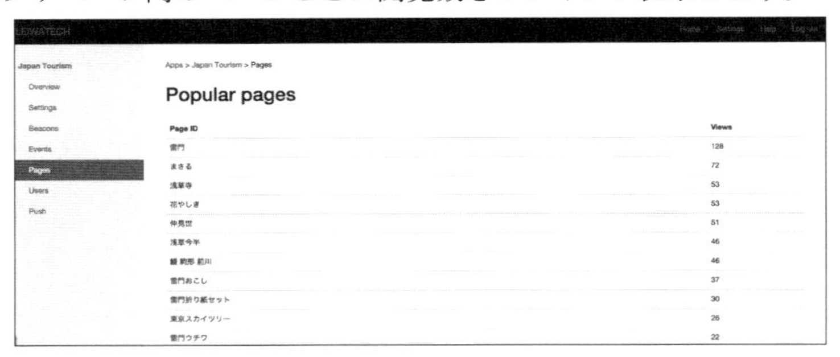

「Pages」ページ

● Users

「ユーザーID」を入力し、ユーザーごとの統計情報を検索し確認できます。

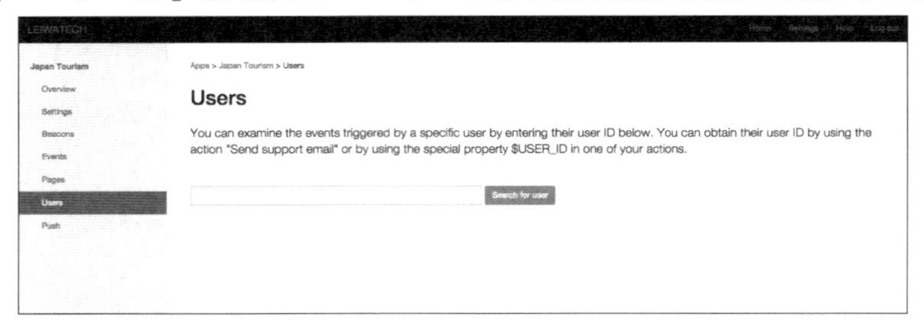

「Users」ページ

● Push

「アプリ」をダウンロードしたユーザー向けに「プッシュ通知」を入力し、「配信」するための機能です。

新たに「メッセージ」を入力して「送信ボタン」をクリックすれば、「アプリ」を登録してある「スマホ」や「タブレット」に「プッシュ通知」ができます。

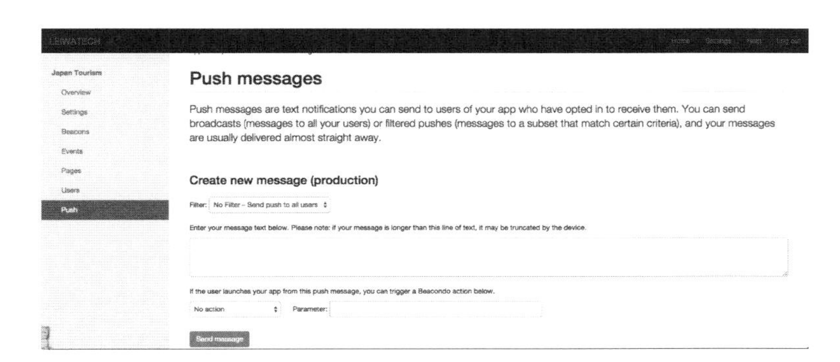

「Push」ページ

4-2　プッシュ通知機能

ここで「プッシュ通知」に関して、さらに詳しく説明します。

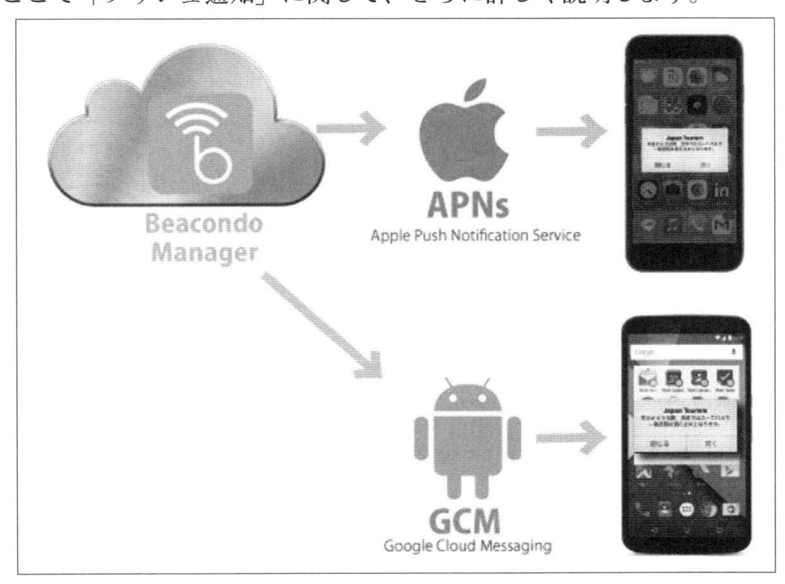

「プッシュ通知」の仕組み

「Beacondo Manager」は、「Apple」および「Google」の「プッシング・サービス」と連携して利用することができます。

■ 管理機能

「Beacondo Manager」で管理する「プッシュ通知機能」は、顧客ごとにフィルターを設けて通知する内容を分別したり、過去の通知履歴をウェブ管理画面上から確認できます。

● メッセージ管理

プッシュ通知した「メッセージ」が最新のものからリスト表示し、確認できます。

メッセージ管理

● フィルター機能

プッシュ通知には、フィルター機能があり、オプション項目で選別して、フィルターを作成し、属性データの内容によって、個別にプッシュ通知を配信することができます。たとえば、「国別」など。

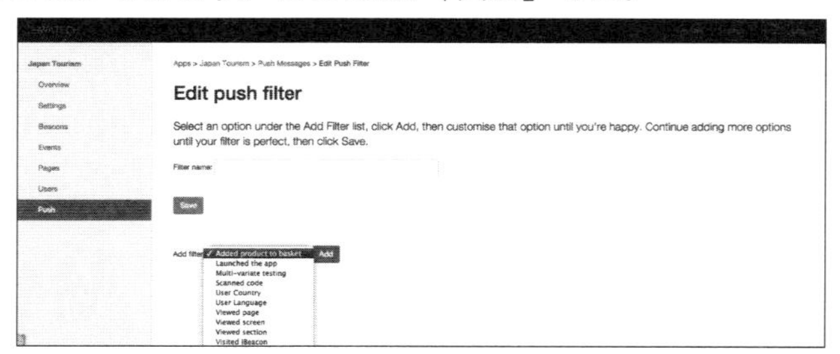

フィルター機能

任意のフィルターを作った後にリスト表示します。

ここではフィルターファイルの編集や削除も可能となります。

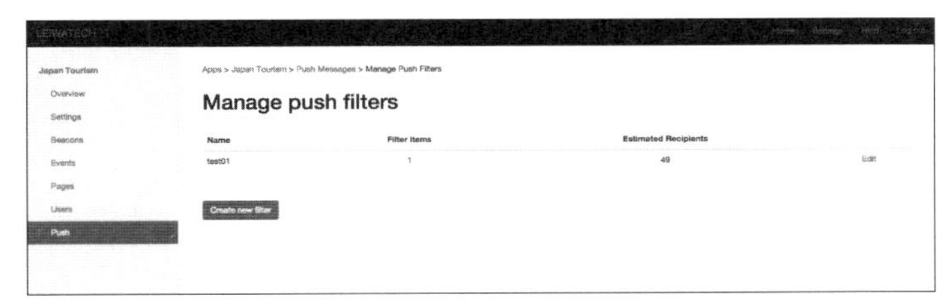

フィルター管理

4-3 アプリSEO機能

「Beacondo v2.o」からは「Settingsメニュー」内に「Permissions項目」が追加されました。

ここで「ローカル警告」や「プッシュ通知」および「通知する状態」（ロケーション）をアプリ内で定義できるようになりました。

■ローカル警告

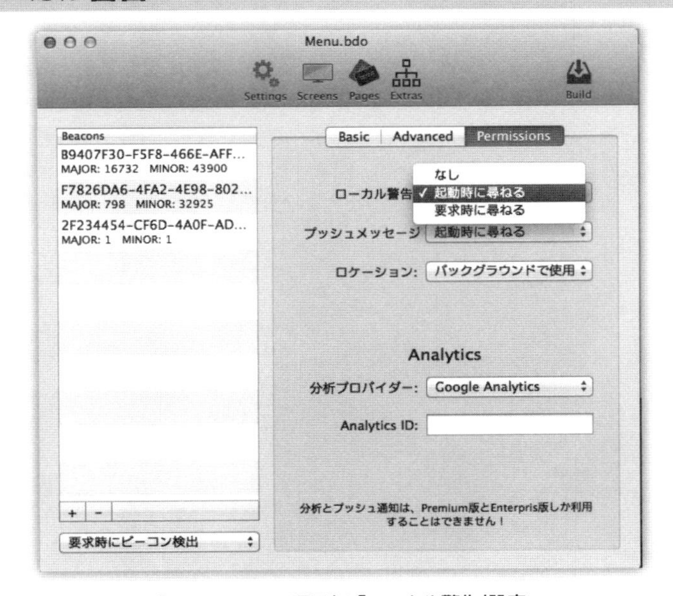

「Permissions項目」の「ローカル警告」設定

「ローカル警告：」には、「なし」「起動時に尋ねる」「要求時に尋ねる」の3つの選択肢があります。

通常、アプリをインストールする場合に、利用されます。

■プッシュ・メッセージ

「プッシュメッセージ：」には、「なし」「起動時に尋ねる」「要求時に尋ねる」の3つの選択肢があります。

アプリ供給者がプッシュ通知を配信するときに、「受け手側」である「スマホ・アプリを導入した人」の振る舞いを決めます。

通常、「OPT-in」（オプトイン）の状態を、「ユーザー」が決めることができます。

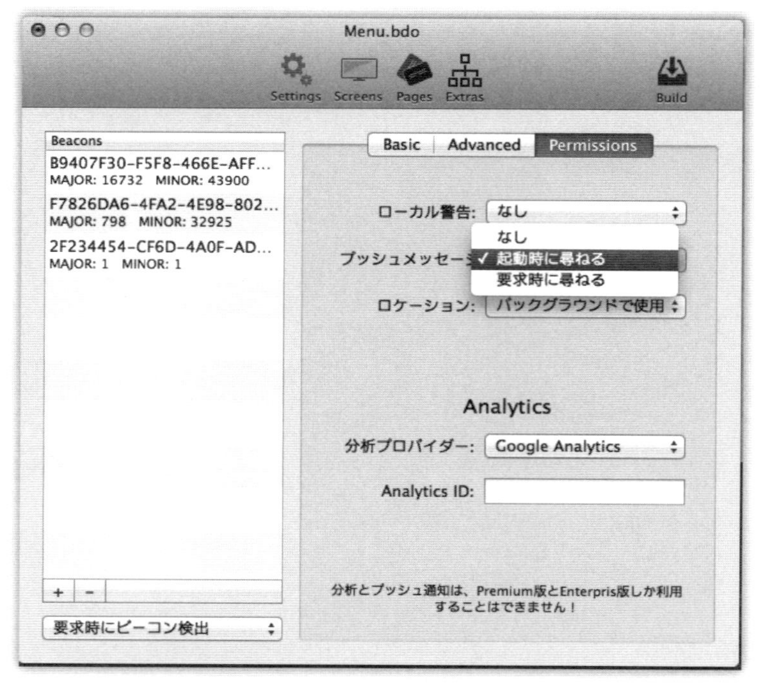

「Permissions項目」の「プッシュ・メッセージ」設定

■ロケーション

「ロケーション：」は、「自分のGPS情報」が「オン」になっている場合に、「位置情報」を取得できる選択肢となります。

「なし」「アプリ実行時のみ」「バックグランドで使用」の3つの選択肢があります。

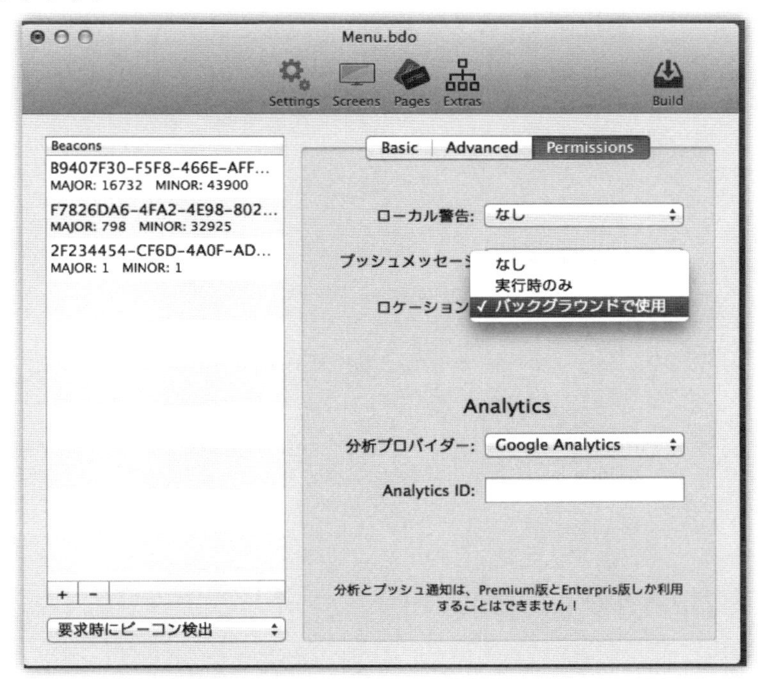

「Permissions項目」の「ロケーション」設定

■分析プロバイダー

アプリ内に、「Google AnalyticsID」や、「スマホマーケティング・ツール」で人気の高い「Flurry」の「ID」を入力すると、制作したアプリの「トラッキング統計データ」を取得し、「管理サイト」で「履歴管理」することができます。

「Permissions項目」の「分析プロバイダー」設定

「分析プロバイダー：」は、「スマホアプリ統計サービス会社名」を選択すれば、それぞれの「管理サイト」で「アプリの統計管理」ができます。

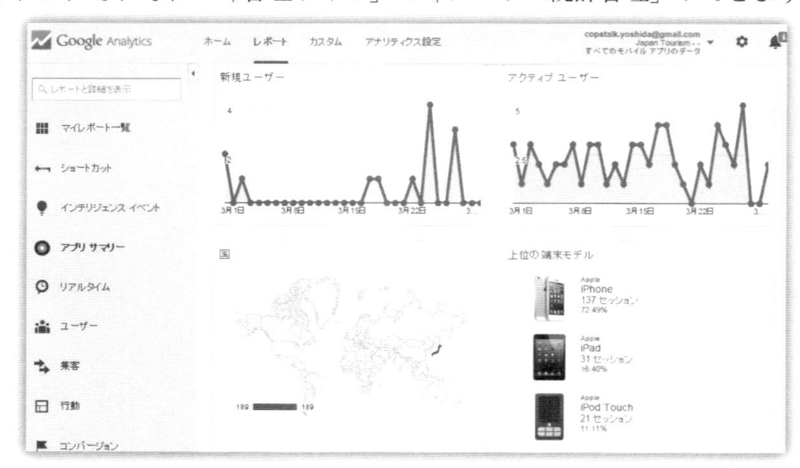

「Google Analytics」の「管理サイト」で、実際にアプリに「Analytics ID」を入力してアプリの統計を取得している様子

4-4 クーポン機能

まず、最初に、「クーポン画像」をデザインします。

通常、ファイルは、画像サイズ「250×340」pixels、「JPEG形式」で保存します。

「iPhone」などで1枚のクーポンを発行する場合です。

「外部ウェブサイト」に、この「画像ファイル」をコピーして保存します。

この「URL」を、「外部ウェブリンク」として指定します。

「クーポン画像」をデザイン

店頭や観光地に設置する「ビーコン端末」の「UUID/Major/Minor値」を「Beacondoデザイナー」の「Settings」メニューで入力します。

「ビーコン端末」の「UUID/Major/Minor値」を入力

「Settings」の「ビーコンアクション設定」で「タイプ：」を「ウェブを開く（外部）」に選択し、「パラメータ設定」で前述の「クーポン表示用URL」を入力します。

「Settings」の「ビーコンアクション設定」

店頭や観光地に設置してある「ビーコン端末」に近寄ると、「スマホ・アプリ」が反応して、上記「プッシュ通知」が行なわれ、「効果音」が鳴ります。

「OKボタン」をクリックすると、その店特有の「クーポン」が、「スマホ」に自動で表示されます。

「ビーコン端末」に近寄ると、「プッシュ通知」が行なわれ、「クーポン」が表示される

4-5　スタンプラリー機能

「Beacondo」は、「JavaScript」と「CSS」をアプリ内部で取り込むこともサポートしています。

また、アプリ内の「組み込みブラウザ機能」を使って、「外部ウェブサイト」を読み込んでアプリ内で表示することも、簡単にできます。

アプリのタブを１つ追加して、「スタンプラリー機能メニュー」として設定します。

「タブ」を1つ追加

「スタンプラリー機能メニュー」として設定

「サムネイル画像」を「コンテンツ・フォルダに追加します。

サムネイル画像

「ビーコン端末」を複数の拠点に設置し、顧客が「スマホ・アプリ」をもって「ビーコン端末」に近づいたら、「iBeaconアクション設定」で、「ウェブを開く（内部)」によって各拠点の「写真スタンプ・サイト」にリンクするように設定しておきます。

リンクを設定しておく

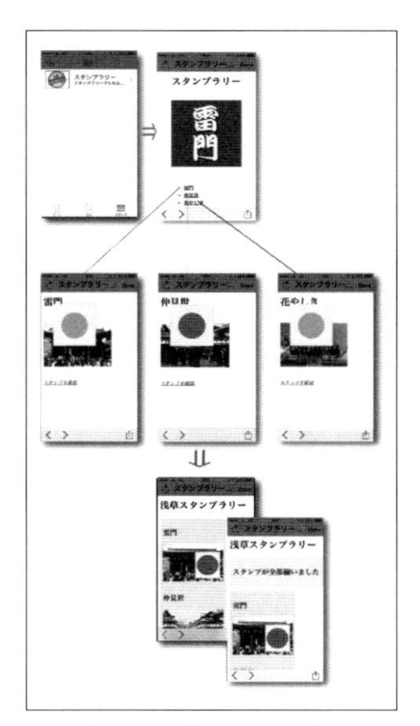

「スタンプラリー」のデモ

「JavaScript」を使った、「スタンプラリー」の「デモ・サイト」

http://www.ibeacondo.com/rally/index.html

上記の「JavaScript」&「HTML」の「ソース・ファイル」

http://www.ibeacondo.com/rally2.rar

注　意

上記「JavaScript サンプル」は、「観光アプリ」の機能を拡張して、「観光地」や「店頭」に「ビーコン端末」を設置し、顧客が訪問すると、アプリ内で「スタンプ」が自動で押印する、簡単な仕組みです。

さらに「JavaScript」と「CSS」を上手く組み合わせてデザイン設計すれば、「外部リンク」しなくても「アプリ内部」で「スタンプラリー機能」を埋め込むこともできます。

4-6　「EC サイト」との連携

これまでは「Beacondo Manager」を利用した「プッシュ通知」や顧客が観光地や店頭に足を運んだときの「ビーコン端末」と「スマホ・アプリ」との連動、つまり「o2o」(Online-to-Offline) サービスの施策を説明してきました。

顧客が「商品」や「サービス」を「スマホ」経由で売り上げて、はじめて「投資効果」が見えてきます。

ここからは、「iBeacon アプリ」に「EC」機能*を追加する方法を説明します。

＊Electric Commerce の略、一般的には「e コマース」と呼ばれる。

スマホに「iBeacon アプリ」をインストールすることで、親密に顧客とコミュニケーションがとれるようになります。

「iBeaconアプリ」を介した顧客とコミュニケーション

■「EC」から「モバイル・コマース」にシフト

下記は、米国の「モバイル広告サービス」ベンチャーのホワイトペーパーです。非常に興味深い結果がでています。

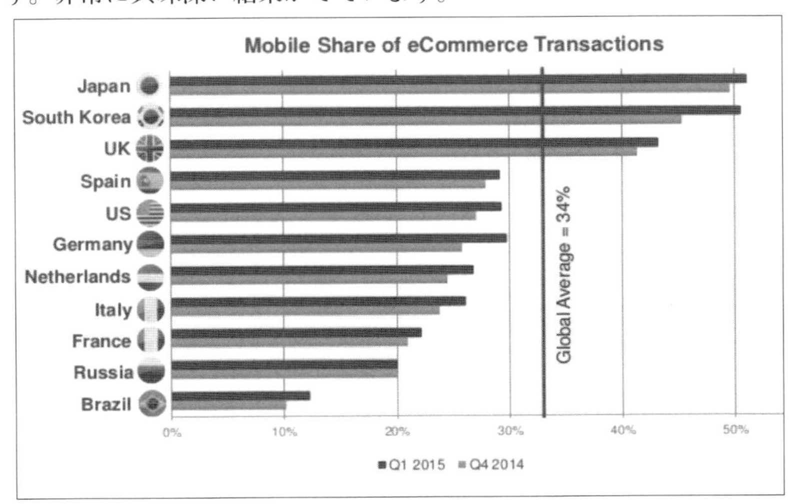

米国の「モバイル広告サービス」ベンチャーのホワイトペーパー

世界的に「EC市場」における「モバイル・コマース」の平均比率は34パーセントとなっています。

これに対し、2015年第1四半期、日本と韓国のEC市場での「モバイル・コマース」の比率はすでに過半数を超えています。

つまり、日本国内において「EC」で商品を購入する際には、半分以上の人が、「スマホ」や「タブレット」経由で注文をするのが現実となっています。

■ Prestashop:「オープン・ソース」の「ECツール」

「Beacondo」のアプリ内「組み込みブラウザ」で「内部リンク」として「EC機能」が手軽に実現できます。

「Beacondo」のアプリ内「組み込みブラウザ」と「EC機能」をリンクする説明をします。

今回は海外でも人気の高い「スマホ」や「タブレット」に対応している「Responsive ECツール」の「Prestashop」を利用します。

「PrestaShop」は「多言語ECサイト」に最適

https://www.prestashop.com/

「PrestaShop」は、ソースコードも下記「GITHUB」に公開されているので、「HTML」や「Web」の知識のある方なら日本語化もできます。

https://github.com/PrestaShop/PrestaShop

ポイント

国内でも「Stores.jp」「BASE」「ZEROSTORE」など、無料の「ECサービス」の利用はできます。用途によって使い分けてもいいでしょう。

●「PrestaShop」の設定

[1]　まず最初に、「アプリのスクリーン設定」で、新たに「ショップ用のタブ」を追加します。

そして、「Row:」項目で、「リンク先」の「ショップ用タイトルページ」項目を作ります。

「ショップ用のタブ」を追加

[2]　「ショップ用のタイトル項目名」を入力し、「サブタイトル」も「テキスト入力」します。

そして「タイトル用のサムネイル画像」を用意して、「コンテンツ・フォルダ」にコピーします。

この場合は、「1Woman-3.jpg」。

「タイトル項目名」と「サムネイル画像」を設定

[3] 「タイトルメニュー」からタップしたときにアクションする項目を選択します。

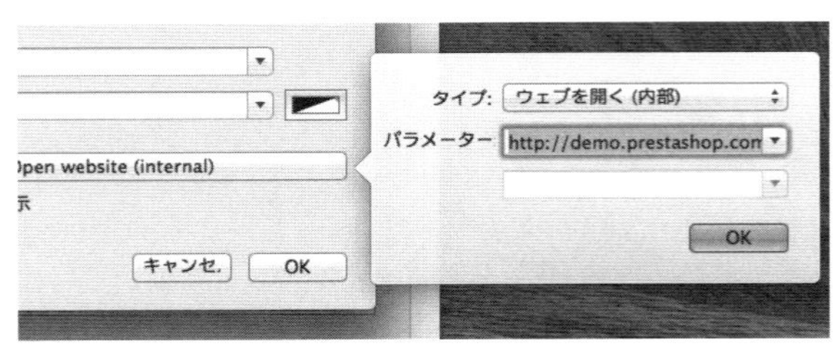

タップリンクを設定

上記の場合は、「Prestashopのデモサイト」に直接リンクするための「URL」を、「パラメータ欄」で入力します。

タイプは「ウェブを開く（内部）」を選択します。

※ここで「ウェブを開く（外部）」を選択すると「iPhone」にプリインストールされた「ブラウザ・アプリ」の「Safari」が起動するので、必ず「（内部）」を選択してください。

[4] 「Beacondoビューワー」でアプリを検証すると、下記のように「右端タブ」に、新しくショップが追加されているのが確認できます。

タブをクリックすると、アプリ内の「ショップ・タイトル」が表示されます。

「Beacondoビューワー」でアプリを検証

「Beacodoデザイナー」で「ウェブを開く（内部）」で指定した「Presta shop」の「デモ・サイト」がアプリ内の「組み込みブラウザ」からリンクしているのが確認できます。

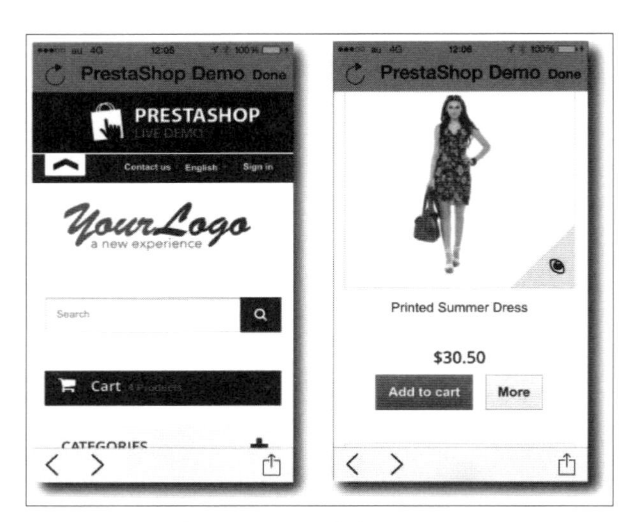

「Prestashop」の「デモ・サイト」

「Prestashopデモサイト」の「決済プロセス」にリンクしているのが確認できます。

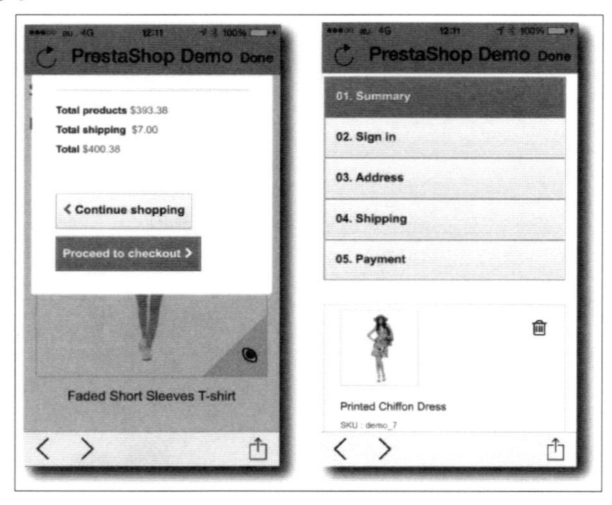

「決済プロセス」にリンクしている

おわりに

これまで「iBeaconアプリ」制作のノウハウを説明しました。
最後に、「ビジネス・モデル」に関して少し追加説明したいと思います。

*

消費者のニーズは、年々多様化し変化していくのでこれまで説明した機能だけでは不足するかもしれません。
まず最初に、「Beacondoデザイナー」を使って、ある程度のアプリの「外枠」(フレームワーク)を作り、顧客に提案するというのはいかがでしょうか。
そして、「Beacondoビューワー」で「iBeaconアプリ」を検証し、「追加機能」の必要があれば随時カスタマイズしていく、ということで顧客を満足させることができるのではないかと思います。

●「デジタル・サイネージ」と「iBeaconアプリ」の連動

たとえば、「Beacondo」と「スーパーワン」が独自開発した「サイネージ・コンテンツ」と「iBeaconアプリ連動SDKキット」を使ったとします。
すると、外国人が所持したスマホの言語設定を自動認識し、「ビーコン端末」で検知後、その国の言語で制作したスマホに合わせて「サイネージ・コンテンツ」を合致し、インターラクティブに表示することが可能になります。
顧客は「スマホ」に「iBeaconアプリ」を導入するだけで、何も設定する必要はありません。

*

「無料Beacondoデザイナー」と「ビューワー」で一度試してください。
質問があれば、下記までご連絡ください。

≪シーアールアイジャパン(株)≫

〒107-0062
東京都港区南青山2-12-15 南青山二丁目ビル5階
Tel 03-4579-5828
Email: info@crijapan.jp
http://www.crijapan.jp

索引

数字

五十音順

≪あ行≫

≪か行≫

≪さ行≫

≪た行≫

≪な行≫

≪は行≫

≪ま行≫

≪や行≫

≪ら行≫

アルファベット順

≪A≫

≪B≫

[著者略歴]

吉田　秀利（よしだ・ひでとし）

シーアールアイジャパン（株）代表取締役
国産Unixワークステーション会社を経て独立。
AppleTalk通信ソフト"COPSTalk"パッケージ販売、Apple社へ"COPSTalk"OEM供給をはじめ、Macintosh用印刷・通信関係数々のソフトウェアを国内販売。
2005年、台湾ネットワーク機器メーカー台湾CeLAN Technology社日本代表を兼務、国内通信キャリアに独自機器をOEM供給中。
2010年からはモバイルソフトおよびモバイルサービス事業の立上げを手掛ける。
最近は、欧州及び東欧のモバイルITベンチャーとコネクションをもち、国内販売を展開中。

[著書]

Trixbox実践ガイドブック　（共著、工学社）

質問に関して

本書の内容に関するご質問は、

①返信用の切手を同封した手紙
②往復はがき
③ FAX (03) 5269-6031
（返信先の FAX 番号を明記してください）
④ E-mail　editors@kohgakusha.co.jp

のいずれかで、工学社編集部あてにお願いします。
なお、電話によるお問い合わせはご遠慮ください。

サポートページは下記にあります。

[工学社サイト]
http://www.kohgakusha.co.jp/

I/O BOOKS

iBeaconアプリ開発ガイド

平成27年8月20日　初版発行　© 2015

著　者　吉田　秀利
編　集　I/O編集部
発行人　星　正明
発行所　株式会社工学社
〒160-0004 東京都新宿区四谷 4-28-20 2F
電話　(03) 5269-2041（代）[営業]
　　　(03) 5269-6041（代）[編集]
振替口座　00150-6-22510

※定価はカバーに表示してあります。

印刷：図書印刷（株）

ISBN978-4-7775-1907-1